随钻声波传输技术

尚海燕 周 静 著

西安石油大学优秀学术著作出版基金
陕西普通本科高等学校"专业综合改革试点"项目 联合资助出版

科学出版社
北 京

内 容 简 介

本书主要探索随钻声波传输技术。第一，介绍声波传输技术在钻井无线信息传输中的重要性和优势；第二，详细分析声波沿钻柱信道传输时周期性钻柱信道和非周期性钻柱信道的特性，以及影响声波信道的主要因素，并针对典型钻具组合的声波传输特性进行数值分析；第三，在声波钻柱信道梳状滤波特性的基础上进行信息传输的多种调制解调方法研究，在正交频分复用技术的基础上进行给定信道上信息传输的误码率和最佳的信息传输方式的分析与仿真；第四，对极低信噪比下采用杜芬振子检测方法进行探讨；第五，对声波激励源随钻阵列声波换能器进行设计与应用研究。

本书可作为高等院校钻井信息传输相关专业教师、学生的参考书，也可作为对随钻声波信息传输技术感兴趣的工程技术人员的参考资料。

图书在版编目（CIP）数据

随钻声波传输技术/尚海燕，周静著. —北京：科学出版社，2018.3
ISBN 978-7-03-056866-3

Ⅰ. ①随… Ⅱ. ①尚… ②周… Ⅲ. ①随钻测量-声波传播-研究
Ⅳ. ①P634.7②O422

中国版本图书馆 CIP 数据核字（2018）第 048894 号

责任编辑：宋无汗　杨　丹　赵微微 / 责任校对：郭瑞芝
责任印制：张　伟 / 封面设计：陈　敬

科学出版社 出版
北京东黄城根北街 16 号
邮政编码：100717
http://www.sciencep.com

北京厚诚则铭印刷科技有限公司 印刷
科学出版社发行　各地新华书店经销

*

2018 年 3 月第 一 版　开本：720×1000 B5
2020 年 1 月第二次印刷　印张：12 1/2
字数：250 000

定价：**98.00 元**
（如有印装质量问题，我社负责调换）

前　言

油田开发需要大规模的钻完井，风险大、成本高，井深可达上千米。安全钻井和现代智能钻井都需要及时将井下采集的信息传输到地面，同时地面的指导控制钻井指令也需要及时下传。因此，随钻通信是钻井系统的重要组成部分。目前，随钻信息传输方式主要有泥浆脉冲遥传、电磁波传输、智能钻杆传输和声波遥传。泥浆脉冲遥传的传输速率理论上小于 50bit/s，实际上小于 10bit/s，远不能满足钻井过程中大量数据的传输需求，也不能在欠平衡钻井中有效工作。电磁波传输利用电磁波穿越地层传输信息，传输速率为 20~100bit/s，可以应用于欠平衡钻井。只有当地层电阻率大于 $10\Omega\cdot m$ 时电磁波传输才能进行有效的长距离信息传输，当地层电阻率较低或地层结构较复杂时，不能进行有效信息传输。智能钻杆传输是利用特制的钻杆建立智能钻杆网络系统，其传输速率可达 2Mbit/s，是目前数据传输率最高的方法，但由于需要特制的钻杆或改造的钻杆及特制的接头，钻井成本大幅提高。声波遥传利用声波沿钻柱传输信息，传输速率达 20~100bit/s，可通过中继装置增加信息传输的距离。目前存在的主要问题是信息传输不稳定，同一仪器不能在多个井中重复有效地工作，因此该研究工作一度停止。随着声波沿钻柱传输理论研究的发展，随钻声波传输技术的潜力和优势使其再次成为随钻信息传输领域的重要研究方向之一。

本书是作者所在课题组近几年在声波沿钻柱进行随钻信息传输的研究成果汇总。从 2011 年课题组开始声波沿钻柱进行随钻远距离传输研究至今，先后受到三个中国石油天然气集团公司科学研究与技术开发项目的资助。在随钻声波传输领域，相关研究已经取得了两个国家发明专利的授权和两个国家发明专利的公示。本书将探讨随钻信息传输系统的信源、传输经过的信道和信息的接收端检测三个方面内容。声波信号沿钻柱传输的信道的分析、仿真是本书的研究重点。第 1 章为绪论。第 2、3 章利用无缝声波传输模型，对井下钻柱建立整个信道的分析仿真模型，并针对典型的钻具组合分析声波传输特性。第 4、5 章研究信号沿钻柱信道的传输方法，包括从常规信息调制解调到信息优化传输。第 6 章研究极低信噪比下信号检测问题，针对钻井环境噪声强而有用的声波信息弱的情况提出解决信息检测问题的方法。第 7 章分析声源的性能和如何获得适合钻井环境的最佳信源装置。

由于随钻声波传输系统目前仍没有成熟的商品，研究探索仍有待井下实践的验证补充和深化。本书希望通过对现有技术进行整理总结，以供更多的同行借鉴和参考，为随钻声波传输系统的应用尽一份微薄之力。

  本书共 7 章，其中第 6 章由周静撰写，其余各章由尚海燕撰写。在此感谢成书过程中给予分析与仿真指导的张峰、张伟涛和滕舵，进行仿真与文字整理的邱彬、高建邦、张会先、王丽娟和张晶等，还要感谢课题组所有成员所给予的鼓励和帮助！

  由于作者水平有限，加之现场实验经验不足，材料不够充分，本书只是初步探索，书中不妥之处在所难免，敬请读者批评指正。

目　　录

前言

第1章　绪论 ·· 1

1.1　引言 ··· 1
1.2　钻井信息传输概述 ··· 2
1.3　随钻声波传输国内外发展现状 ·· 6
参考文献 ·· 8

第2章　随钻声波传输信道特性及其模型的建立 ······································· 10

2.1　引言 ··· 10
2.2　信道基本理论 ··· 10
　　2.2.1　信道特征 ··· 10
　　2.2.2　信道的数学描述 ·· 11
　　2.2.3　信道的分析方法和参数 ··· 12
2.3　声波传输的基础知识 ·· 13
　　2.3.1　声波传输的基本概念 ··· 13
　　2.3.2　声波传输的基本特点 ··· 13
　　2.3.3　相速、群速和色散曲线 ··· 16
　　2.3.4　声波沿钻柱传输的研究方向 ·· 17
2.4　声波信号沿钻柱传输突变截面信道模型的建立 ·· 17
　　2.4.1　声波在钻柱中传输的基本规律 ·· 18
　　2.4.2　突变截面周期性钻杆信道的等效透声膜分析 ···································· 18
　　2.4.3　突变截面周期性钻杆信道的FIR滤波器模拟 ···································· 24
　　2.4.4　突变截面非周期性信道模型的等效透声膜方法 ······························· 31
2.5　声波沿钻柱传输渐变截面信道模型的建立 ··· 35
　　2.5.1　渐变截面杆的波动方程 ··· 35
　　2.5.2　线性直圆锥杆波动解 ··· 36
　　2.5.3　带有圆锥过渡管的周期钻杆等效透声膜方法 ···································· 36
　　2.5.4　渐变截面过渡管组合管串的声波传递 ·· 39
　　2.5.5　渐变圆锥截面过渡杆的数值仿真分析 ·· 46
参考文献 ·· 52

第3章 钻柱信道声波传输特性研究 · 54

3.1 引言 · 54
3.2 钻杆外形尺寸对声波传输信道特性的影响 · · · · · · · · · · · · · · · · · · 54
3.2.1 钻柱长度对信道的影响 · 54
3.2.2 钻杆横截面积对信道的影响 · 55
3.3 钻杆误差对信道的影响 · 57
3.4 不同钻具组合对声波信道的影响 · 58
3.4.1 不同钻杆长度组合的信道特性 · 58
3.4.2 不同钻杆截面积组合的信道特性 · 60
3.5 典型钻井钻具组合声信号信道特性 · 62
3.5.1 塔式钻具组合 · 63
3.5.2 钟摆钻具组合 · 68
3.5.3 满眼钻具组合 · 69
参考文献 · 71

第4章 信号沿信道传输调制解调方法的研究 · · · · · · · · · · · · · · · · · · · 73

4.1 引言 · 73
4.2 信号数字调制的基本原理 · 73
4.2.1 ASK 调制的基本原理 · 74
4.2.2 FSK 调制的基本原理 · 75
4.2.3 PSK 调制的基本原理 · 76
4.2.4 三种调制方式的比较 · 78
4.3 声波信号在信道中调制解调传输仿真 · 79
4.3.1 声波信号经 2ASK 调制解调传输仿真 · · · · · · · · · · · · · · · · · · · 79
4.3.2 声波信号经 2FSK 调制解调传输仿真 · · · · · · · · · · · · · · · · · · · 80
4.3.3 声波信号经 2PSK 调制解调传输仿真 · · · · · · · · · · · · · · · · · · · 81
4.4 声波传输的调制解调仿真软件设计及说明 · · · · · · · · · · · · · · · · · · · 82
4.4.1 软件概述 · 83
4.4.2 模拟通道使用说明 · 92
4.5 调制信号通过钻柱信道的仿真分析 · 95
4.5.1 FSK 信号通过突变信道和渐变信道分析 · · · · · · · · · · · · · · · · · 95
4.5.2 BPSK 信号通过突变信道与渐变信道分析 · · · · · · · · · · · · · · · 101
4.5.3 FSK 和 BPSK 调制解调方式的对比 · 103
参考文献 · 104

第5章 基于OFDM的起伏窄信道声波信息传输 ········· 105

5.1 引言 ········· 105
5.2 钻杆信道特性分析 ········· 105
5.2.1 时间选择性衰落 ········· 105
5.2.2 频率选择性衰落 ········· 106
5.2.3 钻杆信道的频谱资源和衰落特性 ········· 106
5.3 数据传输方案 ········· 109
5.3.1 OFDM的基本原理 ········· 109
5.3.2 钻杆信道下OFDM的参数选择 ········· 111
5.3.3 OFDM声波遥测系统结构 ········· 113
5.3.4 OFDM接收机灵敏度 ········· 114
5.4 自适应载波分配与功率分配技术 ········· 114
5.4.1 自适应技术的理论基础 ········· 115
5.4.2 基于模糊逻辑的比特分配和功率分配 ········· 116
5.4.3 基于扩频码的比特分配和功率分配 ········· 119
5.5 传输方案的仿真及结果分析 ········· 121
5.5.1 传输方案的可行性测试 ········· 121
5.5.2 钻杆信道衰减测试 ········· 124
5.5.3 子信道误码率状况 ········· 126
5.5.4 传输方案的总体信号失真 ········· 130
参考文献 ········· 135

第6章 用杜芬振子检测随钻声波信号的研究 ········· 137

6.1 引言 ········· 137
6.2 混沌理论与混沌特征分析 ········· 138
6.2.1 通向混沌的途径和特征 ········· 138
6.2.2 混沌系统的判别方法 ········· 140
6.2.3 杜芬方程的混沌特性研究 ········· 141
6.2.4 噪声对杜芬系统的影响 ········· 145
6.3 混沌系统检测2FSK信号方法的研究 ········· 147
6.3.1 混沌系统检测微弱信号原理与仿真 ········· 147
6.3.2 混沌系统检测2FSK信号的原理 ········· 149
6.3.3 混沌系统检测2FSK信号检测仿真方法与实现 ········· 150
6.3.4 解决相位不同步问题的方法 ········· 151

6.4 随钻声波传输信号的混沌检测方法研究 157
    6.4.1 杜芬系统检测微弱随钻声波信号的方法 157
    6.4.2 仿真结果及分析 158
参考文献 163

第7章 随钻阵列声波换能器 165

7.1 引言 165
7.2 随钻阵列声波换能器的装配结构 165
7.3 随钻阵列声波换能器的等效网络模型 166
    7.3.1 压电晶堆的 Mason 等效网络 167
    7.3.2 前辐射头的 Mason 等效网络 168
    7.3.3 后质量块的 Mason 等效网络 169
    7.3.4 换能器整体等效网络模型 169
7.4 随钻阵列声波换能器的有限元模型及其仿真 171
    7.4.1 随钻阵列声波换能器的有限元模型 171
    7.4.2 随钻阵列声波换能器的有限元仿真 172
7.5 随钻阵列声波换能器大功率发射时的电匹配网络 174
    7.5.1 负载阻抗复角与功放管耗散功率及电源供电效率的关系 174
    7.5.2 窄带阵电匹配网络的并联调谐匹配 175
    7.5.3 窄带阵电匹配网络的串联调谐匹配 175
7.6 随钻阵列声波换能器测试 176
    7.6.1 随钻阵列声波换能器的阻抗特性测试 176
    7.6.2 随钻阵列声波换能器的环境温度测试 178
    7.6.3 随钻阵列声波换能器的功率测试 178
7.7 随钻阵列声波换能器的匹配与功率测试 181
    7.7.1 随钻阵列声波换能器匹配原理 181
    7.7.2 匹配器件及材质的选择 182
    7.7.3 并联换能器功率测试 183
7.8 随钻阵列声波换能器整机系统测试 187
    7.8.1 随钻阵列声波换能器整机系统构成 187
    7.8.2 高低频谐振点匹配测试与分析 188
参考文献 190

第 1 章 绪　　论

1.1 引　　言

油田开发需要大规模的钻完井，其风险大而且成本高，井深常达上千米。钻井过程中需要及时将井下实时采集的信息传输到地面的接收设备，供钻井工程师指导控制钻井过程。对于智能钻井工具而言，地面发出的指令需要下传到井下智能钻井装备以指导控制钻井的进行。因此，随钻信息传输系统是钻井过程中非常重要的系统装备之一，也是长久以来钻井界的特别关注点。我国存在着大量的深井以及低渗油气资源，其开采需要控压或欠平衡等一些特殊的钻井工艺，这对钻井技术的要求越来越高。运用这些特殊的工艺作业时，必须实时地获取井下压力、井下温度和井眼轨迹等井下数据。为了降低钻井风险并确保安全钻井，也需要及时获取井下数据。另外，随钻测井以及录井记录中的地层电阻率、自然伽马参数、声波时差等大量的地层参数，是通过安装在钻头附近的传感器采集到的，这些数据的上传同样需要地面与井下的双向信息传输系统。随钻信息传输系统将井下实测数据送往地面，用于分析、评估地层，预测油气储层和采收率等，并将地面工程师经实时分析制订的钻井操控指令及时下传到井下，从而实现高效安全的钻井作业。

井下的信息与地面相互传输的技术称为随钻信息传输技术。在国外，从 19 世纪初开始研究随钻测井，并先后研制了一些随钻测井仪器，但是都不能进行实时数据传输。直到 19 世纪 60 年代，利用泥浆脉冲传输系统方式成功地完成了随钻测井，并形成了有效的商品，称为随钻测量（measurement while drilling，MWD）。但是，其理论传输速率在 50bit/s 以下，实际使用中传输速率为 1~10bit/s[1]。随着井下数据传输规模和传输速率需求的增大，各石油公司的研究学者开展了电磁传输、声波传输和光纤传输等其他形式的 MWD 研究以满足随钻信息传输的需要。将 MWD 与地质传感器结合，形成了地质随钻测井（logging while drilling，LWD）。MWD 与 LWD 实质都是随钻测量系统，在传输功能上完全一致，只是采集系统的传感器不同而已，因此随钻信息传输方法可以应用在 MWD 和 LWD 之中，并没有什么分别。

随着定向井、水平井和丛式井技术的发展，随钻测井技术的应用也越来越广泛，数据传输规模越来越大，要求实时传输钻井数据以便实时掌握地层资料，有助于现场的分析处理，从而及时精细地控制钻井轨道，及时有效地对地层进行评价，以完善钻井进程。现代钻井向旋转导向钻井、地质钻井、智能钻井方向发展，安全钻井、提高钻井效率、提高目的层预采率、提高采收率等都不能缺少随钻测量系统。因此，研究随钻测量系统中的随钻信息传输有十分重要的意义与价值。

1.2 钻井信息传输概述

石油工程钻井时，从设计到钻探，直至完井都需要进行测井，从而获得各种石油地质以及工程技术资料作为开发油气田和完井的原始资料。裸眼井测井称作裸眼测井，油气井下完套管二次测井称作生产测井。通过测井可以评价油、气层，因为测井可以为石油地质和工程技术人员直接提供各项地质数据，是油气田的勘探与开发必需的环节。目前，随着石油工业的发展，对测井的要求也越来越高，国内外研究并实施了多种测井技术。随着耐高温抗冲击传感器的不断发展，井下能测量的数据量越来越大，且智能导向钻井对井下信息的实时需要，促使随钻测量及其相关技术得到了迅速的发展，井下测量的领域也不断扩大。随钻测量信息传输总体趋势从有线随钻测量向无线随钻测量逐渐过渡，而且随钻测量的参数不断增多，无线随钻测量技术已经成为当前石油工程技术发展的一个主要方向。在随钻测井的过程中，信号传输技术成为技术的关键。目前，国内采用的钻采测试设备大部分是从国外进口的，其价格都很昂贵。因此，研究随钻传输技术对提高石油钻采效率、保证石油安全生产、解决井下通信等一系列问题具有重大意义。井下信息传输按传输线方式只有两种：有线传输方式和无线传输方式。有线传输方式主要有电缆传输、特殊钻杆传输和光纤传输，通常传输速度极快且传输信息的容量很大，但往往成本较高。

电缆传输是通过钻杆内下入铠装电芯电缆，多芯电缆将井下传感器的数据传输到地面，处理后记载到存储设备中。井下电源受到电缆中缆心数、电缆直径、绝缘性能、环境条件以及井深等条件的限制，测井时由地面提供仪器电源。有缆传输系统通过电缆的连接进行信息传输，并且直接向井下提供能量，可以进行地面与井下双向通信，而且实时性好，传输速率很高，井底无须附加动力源。目前，电缆随钻信号传输在实验井中获得了初步成功，最高传输速率可达 2Mbit/s。缺点是会严重影响正常的钻井过程，往往需要停钻进行，并且裸眼测井时需要起出钻具，当井深超过 1000m 时，巨大的起下钻是非常耗时的。有缆制作工艺相对复杂，费用也很高。

特殊钻杆传输是将连续导体作为钻杆的一部分，在钻杆接头内安装一种特殊的电磁装置，钻杆主体内埋电缆，当钻杆与钻杆紧密连接时，电磁装置起到连接作用，钻杆间连接成了一个有线的主体。把相应的电磁装置和电缆也安装在钻铤内，让整个钻柱具有导电性能，这种传输方式称为智能钻杆传输。美国 Grant Predico 公司研制出的感应接头遥测钻杆系统，智能钻杆采用铜导线实现电能的传送，能初步解决频繁拆卸钻杆上导线接头的问题，其传输速率可达到 1Mbit/s。IntelliServ 公司研制的 IntelliPipe 遥传系统，其钻杆接头之间传输数据采用非接触感应方式，数据传输速率可达到 2Mbit/s。俄罗斯采用在每个单根钻杆中吊电缆，而且在钻杆接头处加电插头的方式进行信号传输。法国 IFP 公司采用了唇密封的电钻杆，并且成功用于浅井。目前，我国在这方面的技术尚未研究成功。特种钻杆传输方式的优点是数据传输快，可实现双向通信；缺点是需要加工特殊钻杆，其成本高，可靠性稍差，实现电力下传需要攻关。

光纤传输利用光纤测井的基础理论，包括光纤光栅传感网络技术，光纤光栅温度技术，应力、信号调制解调、检测等技术，下井光缆、传感器系统等连接保护技术。这些技术在国外几家公司已经取得了初步成功[2,3]。2005 年美国桑迪亚国家实验室研制出了用于随钻测量的光纤遥测系统，在研究所测试时，光纤达到 915m 的深度，数据的传输速率约为 1Mbit/s，其使用的光纤电缆很细小，成本低，能短时间使用，最后在钻井泥浆中磨损完，并被冲走。光纤测井技术目前已有很大的进步，但是还没有有关光纤传输随钻测井的应用，因此光纤测井技术还处于研究实验阶段。随着技术的进步，光纤遥测技术将会在随钻中得到广阔的发展空间。

无线传输方式包括泥浆脉冲遥传、电磁波传输和声波遥传[4-6]。无线随钻传输方式，无论采用哪种传输媒介，都需要投入一套相关的传输设备，测量与传输随钻进行，至少不再为测井过程增加庞大的起下钻工程，很大程度上节省了钻时和降低了钻井成本。

目前，普遍采用的随钻测井仪器是钻井液压力脉冲传输数据方式，俗称随钻测量。它是将井下采集的数据信息通过井下脉冲发生器转变成钻井液压力脉冲信号，随着钻井液循环传送到地面，在地面接收并分析处理，传输方式是上行的，将井下信息传输到地面。该技术已经很成熟，优点是经济、方便；缺点是数据传输速率低，难以实现将大量的采集参数实时传输到地面，并且实现地面与井下双向通信的难度大，其核心部件脉冲阀易损件，且价格昂贵。20 世纪 50 年代末，APR 公司研发了正脉冲的泥浆遥传系统，后来其与 Lane walls 公司共同改进了该系统，并进行了脉冲遥传测试。60 年代后期，Teleco 公司开发了泥浆脉冲遥传系统，并在实际应用中证明，可以满足当时随钻测井的需要。泥浆脉冲遥传系统的应用，极大地推动了随钻技术的发展。目前，以正脉冲方式传输的随钻泥浆脉冲遥测系统在国内外均已实际应用，如 Halliburton 公司的 HDS1（high-speed directional survey）系统，中国石油天然气集团公司"地质导向钻井技术研究与应用"课题组开发的 CGMWD 系统等,但是正脉冲传输的随钻测量系统的传输速率比较低,只有 0.5~5bit/s。而采用连续波方式传输信息的随钻测量系统,结构复杂、难度大,只有 Anadrill 公司的商品(Power-PulserTM)能够以 24Hz 的频率作为载波信号,传输速率高达 12bit/s,但其理论和技术都还不够成熟。Halliburton 公司也在致力于开发以连续波方式进行信息传输的随钻测量系统,目标是传输速率能达到 20~30bit/s。泥浆脉冲 MWD,无法满足不断增长的大容量、高速率的数据传输要求,其信息传输通道的传输速率和信息容量远远落后于井下传感器的数据采集率,导致随钻测量信息严重滞后,传输与测量严重不匹配。传输已成了一个亟待解决的问题,MWD 也不能在欠平衡钻井中有效工作。

电磁随钻测量(electromagnetic measurement while drilling,EM-MWD)是 20 世纪末进入工业化应用的一项新型传输技术。电磁波传输技术是利用电磁波实现地面与井下之间的信息传输。随钻电磁波测井仪放在非磁性钻铤内,非磁性钻铤和上部钻杆之间用绝缘短节相连接,这样便于载有被测信息的低频电磁波向井周围地层传播。地面上探测器探测经地层传播到地面的井下信息;反之下传时,信息发射装备在地面,探测接收在井下。电磁随钻测量技术可追溯到 20 世纪 30 年代,于 70 年代初研制出了实用型的 EM-MWD 系统,在 80 年代中期实现商业化生产和应用。90 年代以来,各大石油公司陆续推出了一系列的 EM-MWD 商业化产品,使得该技术在欧洲、南美洲、加拿大等地区和国家推广应用[4]。早期研究的电磁波传输由于信号衰减大,只能实现短距离传输,并且因成本高而未被市场商用化。近年来,通过不断改进,电磁波传输技术逐渐进入市场,其优点是不需要机械接收装置就可以实现双向传输,而且传输速率比泥浆脉冲传输速率高,可以用于空气、泡沫或泥浆的欠平衡钻井。但是,电磁波传输能量衰减大,很难在深井中得到应用,且由于低电磁波频率比较低,与大地频率很接近,容易受到井场环境因素的影响,从而增加信号探测的难度。俄罗斯在此领域技术较成熟。欧美其他国家近几年也先后研发出几种新的 EM 系统,如康谱乐公司的 EM-MWD 系统、Sehlumberger 公司的 E 脉冲电磁传输系统,其传输速率最高可达 12bit/s,还有 Halliburton 的下属公司 Sperry-Sun 公司的电磁 MWD 系统和 Weatherford 公司开发的 TrendSET MWD 系统等。20 世纪末,中国石油勘探开发研究院对井下电磁信号短传技术进行了深入研究,并且成功研制了 NBLOG-1 型测量短节,可用于测量近钻头的井斜角、地层电阻率和自然伽马。哈尔滨工业大学赵永平对电磁波信号传输进行了深入的研究,建立了油井大地的电磁信道模型,并且确立了一个可以测试实际信号传输能力的实验系统方案。但是,总体来讲,国内在这方面的研究仍很缺乏,还处在信号编码、信号传输特性分析和开发单个系统样机的初级阶段。

声波传输方式是利用声波经过钻柱传输信号。声波无线传输发射系统和数据采集系统随钻杆或抽油泵下入井底，将采集到的各种地层参数和井下参数转换为数字信息，然后编码并通过井下声波发生器发射声波振动信号，沿钻杆柱传输到地面，被安装在井口的声波接收器接收，经过信号处理，解码后得到该井的地层评价或实时动态资料。2007 年美国桑迪亚国家实验室开发了声波遥传技术，通过钻柱传递信息，可以取代泥浆脉冲遥传。声波遥传技术的优点是数据传输速率能达到 20~100bits/s，远高于泥浆脉冲传输速率。通过增强发射声信号强度，以及使用特殊结构的钻头增加中继装置和优化地面设备等方法增加声传输的距离，而且不会堵塞钻井液通道，与电磁波传输技术一样可用于空气、泡沫或泥浆的欠平衡钻井。但其缺点是声波信道与钻柱结构相关性大，对所用的电子器件要求高，需要经受井下高温环境，同时由于钻井设备产生的噪声会干扰声波传输，加大了对信号探测的难度。Halliburton 公司研制的随钻测井 LWD 声波遥测系统，是在 LWD 上方安装了一个井下发射器，载波频率为 400~2000Hz，沿钻柱向前传输的信号强度只能通过无源衰减而减少，而且在与泥浆脉冲遥测技术允许的比特误差率相同的情况下，该系统数据传输速率能达到上百比特每秒，比泥浆脉冲遥测技术数据传输速率提高了十几倍。

利用声波沿钻柱传输信息的优点是其相对实现成本低、数据传输速率较高、受钻井液的干扰小，但信息传输因信道结构变化以及环境的不同，易导致传输不稳定。随着声波沿钻柱传输理论研究的进一步深入，钻柱传输系统的井场实验，特别是随钻声波传输系统的发展有着很大的潜力和优势。近年来，利用声波沿钻柱传输通信再次成为国内外随钻信息传输领域的重要研究方向之一。现代钻井向导向钻井、地质钻井、智能钻井发展。提高钻井效率、提高采收率等技术都依赖于随钻信息传输系统，因此研究随钻声波传输系统有非常重要的意义与价值。

综上所述，有线传输方式和无线传输方式各有优缺点，归纳后见表 1-1。

表 1-1 不同传输方式比较

传输方式	传输介质	传输深度/m	传输速率/(bit/s)	可靠性	开发成本
有线传输	电缆	>6000	1~2M	好	较高
	特殊钻杆	>6000	1~2M	一般	很高
	光纤	>1000	1M	好	很高
无线传输	钻井液脉冲	>6000	1~12	好	中等
	电磁波	600~6000	20~100	一般	较高
	声波	1000~4000	20~100	一般	较低

从表 1-1 可以看出，除光纤传输方式传输深度略差外，其他有线传输方式和无线传输方式都可以进行深井传输。有线传输方式明显比无线传输方式传输速率快。但是在实际钻井中应用中，由于有线传输方式制作工艺比较复杂，需要特殊

加工的钻杆，提高了成本，而且电缆和光纤的连续性差，因此在整个钻进的过程中有可能被岩屑和泥浆损坏，从而无法有效传输信息，影响正常通信。因为有线传输方式不需要依靠钻井液作为传输介质，所以其可靠性优于无线传输方式。然而，无线传输方式的开发成本明显低于有线传输方式。

以上分析了各种数据传输方式的性能，阐述了各自的优劣以及应用局限性，本书的工作重点则是对于声波传输方式的研究。

1.3 随钻声波传输国内外发展现状

美国桑迪亚国家实验室从1948年开始进行声波如何沿钻杆传输信息的研究工作，但是最终由于声波信号衰减严重而被迫停止。1972年，BARNES等[7]研究并分析了理想钻柱的宏观结构，提出了通阻带交替梳状滤波器的信道特征。之后Drumheller[8]开始研究声波传输系统，分别设计了两个实验来研究声波传输的机理。实验一是在实验室利用模型来检测声波，验证了在钻杆中传输的声波主要是纵波；实验二是在钻井现场充满泥浆的长达1500ft*的钻柱上进行声波测试，实验证明声波每千英尺衰减20dB，也证明了周期性钻柱信道特性为通阻带交替梳状滤波器结构。同时，Drumheller分析了声波纵波沿理想钻杆传输的频谱特性，得到了钻柱外形尺寸对声波传输信道特性的影响[8,9]。他从理论上研究声波沿钻杆传输时的信道特性，采用有限差分方法对信道幅频进行了分析，并且为了验证理论分析，在实验室搭建了一个缩小的等效标准钻杆模型，其缩小模型是由20根钻杆级联而成的周期性结构钻具模型，通过在这个模型上进行测试分析，得出了其理论分析的正确性。Niels等[10]在Drumheller工作的基础上，导出了周期性结构钻柱中透射波与反射波幅度，采用传输矩阵法表示，分析研究了能量耗损效应和钻杆尺寸参数变化对声波幅度的影响，并应用马尔可夫链描述了声波能量通过周期性钻杆传输时的脉冲响应。2005年，Gao等[11]研究了声波钻柱信道的传输容量理论，分析了声波钻杆传输系统的信道容量、噪声和衰减，结果显示典型的钻柱信道在噪声环境下的信道容量最大可以达到几百比特每秒，并且根据实际测量的声波沿钻柱传输特性，从理论上计算了不同衰减、不同编码方法以及不同调制方式下的信号传输速率值。Gao等还将信道容量理论应用在声波遥传系统的实现上，为了实现系统在钻井条件下以最大的信道利用率传输，进行了多方面优化系统方法的研究，同时也证明差错控制编码可以提高传输速率[11]。通过在钻井环境下随钻声波传输系统的信道容量的计算，证明该系统和现在广泛应用的泥浆脉冲传输系

---

* 1英尺（ft）= 3.048×10^{-1}米（m）。

具有相当的比特误码率，其数据传输速率高于泥浆脉冲传输系统。实际中测得的钻杆声波特性曲线为通阻带相间的特性，通带结构表现为多尖峰起伏。2007 年 Neff 等[12]测试了 2500m 井眼中的声波传输系统，并测试了现场在旋转和不旋转钻具组合时的声波遥测工具系统的工作性能，实现了不同载波频率和不同波特率（5 bit/s、10bit/s、20bit/s）下的声波遥传系统的性能评估。同时，也记录和分析了声波信号数据解码以及数据可靠性等内容。实验表明，井下声波遥传系统具有商业应用价值，系统传输数据速率快，可以大量节约时间，提高钻井效率。相比泥浆脉冲传输系统和电磁波传输系统，声波传输系统的数据传输速率最高。Neff 等[12]公布现场测试的在 2500m 的井眼中随钻声波遥测系统，传输速率达到 20bit/s 以上。

我国对井下声波沿钻杆传输数据的研究处于起步阶段，对声波传输的研究工作主要集中在对声波沿钻杆传输系统信道的研究，主要是理论分析和计算机数值仿真。文献[13]运用有限元法对处于充液井孔中周期性钻柱系统中纵波的传播特性进行了数值仿真。文献[14]将正交频分复用（orthogonal frequency division multiplexing，OFDM）信号调制技术应用到随钻数据声波传输系统模型中，并用 MATLAB 进行了仿真分析，观察不同调制信号在钻柱信道中传输的波形图，分析其传播特性，并且验证了几种不同调制方式在声波数据传输系统中的可行性。研究结果表明，周期性钻柱结构系统的信道具有通阻交替的梳状滤波特性，随钻数据声波传输采用 1/3 编码效率的卷积编码和正交相移键控（quadrature phase shift keying，QPSK）调制技术可以提高数据通信的可靠性，降低数据传输系统的误码率。文献[15]研究了近钻头声波信号传输系统，分析了管箍界面与泥浆介质阻尼对信号传输特性的影响，通过色散曲线分析了钻杆中纵波传输的频谱特性，验证了钻柱结构的变化与接收信号幅值之间存在的某种关系，并且钻杆在长度或截面积上的变化都会对其传输特性有一定影响。文献[16]根据声波在钻杆中的传输特性和边界条件，导出了声波传输函数的传递矩阵方法，该方法较有限元法模拟精度高，计算方便，只是需要后续测试数据的应用支持。文献[17]和文献[18]在实验室模拟了周期性钻柱，通过利用低频纵波数据传输研究了换能器激励与接收位置对信道特征的影响，并在理论上研究了沿钻杆内外轴向流动的钻井液阻尼和黏弹性地层边界对行波传播特性的影响。

综合国内外随钻声波传输系统的研究进展，通过仿真分析和模拟实验都证实了声波传输具有很大的潜力，这也是国内外投入大量人力物力研究的主要原因。起初，为了简化问题，假设传输系统为理想周期均匀结构，对声波传输系统研究也主要集中在对周期性理想钻杆信道的研究，并令接头间的螺纹连接足够紧密不产生声波反射，声波反射只产生在钻柱结构的横截面积有变化的位置。而在实际钻井过程中，钻具组合会根据井壁地层和井况的需要连接不同功能的钻具，且钻杆数量、钻杆密度、钻铤和不同的地层特性环境等都会对声波传播特性产生影响，同时复杂多变的钻井环境对声波传输有着很大影响，制约着其发展，包括在钻井过程中起重要作用的钻井液的密度和黏度等[19]。

利用声波传输信息，需要研究三个部分：声源发射系统、声波信道和接收系统。声源发射系统决定了声波信号的发射能量以及传播信号的形式等。发射信号的能量越大越好，并且需声源信号的发射能量集中在信道内有效传播才最有利于接收端接收信号。信道决定了声波信号的调制形式、调制频率、最小的发射功率和最远的传输距离等。接收机对随钻声波来说，低信噪比下的信号检测研究是必不可少的研究内容，因此本书就声波传输问题进行了研究。第 2 章将对井下的声波传输信道进行探讨，运用声波无缝传输模型对信道连接截面的突变信道和渐变信道进行信道分析，建立周期性和非周期性钻柱信道模型。第 3 章将分析不同钻具构成声波信道的特性以及不同规格的钻具组合的声波信道特性，研究钻具参数变化及不同钻具排列组合变化对声波信道的影响，最后给出典型钻井钻具组合声信号的信道特性。第 4 章在已建立的声波钻柱模型基础上，研究信号沿信道传输的数字调制解调方法。特别是研究在声波传输的窄信道更有效的信息传输方式，从而引出第 5 章基于 OFDM 的声波信息传输方法的研究。第 6 章讨论接收问题，特别是低信噪比下的信号检测问题，用杜芬振子检测方法检测信噪比为-30dB 及以下的信号。第 7 章讨论随钻声波传输中信源的产生问题，研究随钻阵列换能器技术，通过产生更大能量的声源以将信息发送得更远。

总之，本书致力于随钻声波传输技术的研究与实现，为声波传输仪器的研制与实验提供理论依据和借鉴，以加速随钻声波传输系统的商用化进程。

参 考 文 献

[1] 邹德江, 范宜仁, 邓少贵. 随钻测井技术最新进展[J]. 石油仪器, 2005, 19(5): 1-4.
[2] 张辛耘, 王敬农, 郭彦军. 随钻测井技术进展和发展趋势[J]. 测井技术, 2006, 30(1): 10-15.
[3] 牛林. 随钻测井的数据传输[J]. 国外测井技术, 2009, 174(12): 7-9.
[4] 张涛, 鄢泰宁, 卢春华. 无线随钻测量系统的工作原理与应用现状[J]. 西部探矿工程, 2005, 17(2): 126-128.
[5] 张会先. 钻井信息传输通道特性仿真[D]. 西安: 西安石油大学硕士学位论文, 2012.
[6] 刘新平, 房军, 金有海. 随钻测井数据传输技术应用现状及展望[J]. 测井技术, 2008, 32(6): 249-253.
[7] BARNES T G, KIRKWOOD B R. Passbands for Acoustic Transmission in an Idealized Drill String[J]. Acoustical Society of America Journal, 1972, 51(5): 1606-1608.
[8] DRUMHELLER D S. Acoustical properties of drill strings[J]. Journal of the acoustical society of America, 1989, 85(3): 1048-1064.
[9] DRUMHELLER D S. Attenuation of sound waves in drill strings[J]. Journal of the acoustical society of America, 1993, 94(4): 2387-2396.

[10] Lous N J C, Rienstra S W, ADAN I J B F. Sound transmission through a periodic cascade with application to drill pipes[J]. Journal of the Acoustical Society of America, 1998, 103(5): 2302-2311.

[11] GAO L, GARDNER W, ROBBINS C, et al. Limits on data communication along the drill string using acoustic waves[R]. SPE 95490, 2005.

[12] NEFF J M, CAMWELL P L. Field-test results of an acoustic MWD system [C]//SPE/IADC Drilling Conference, 2007.

[13] 闫向宏, 孙建孟, 苏远大, 等. 随钻测井周期性钻柱结构声传播特性数值仿真[J]. 科学技术与工程, 2009, 19(9): 5648-5651.

[14] 蔡小庆. 基于周期性钻柱系统的随钻数据声波传输方法研究[D]. 青岛: 中国石油大学硕士学位论文, 2009.

[15] 赵国山, 管志川, 王以法, 等. 钻柱结构声传输特性实验研究[J]. 石油矿场机械, 2009, 38(11): 45-49.

[16] 车小花, 乔文孝, 李俊. 随钻测井钻柱声波的频谱特性[J]. 中国石油大学学报(自然科学版), 2008, 32(6): 66-70.

[17] 李成, 丁天怀, 陈恳. 周期性管结构信道的声传输方法[J]. 分析振动与冲击, 2009, 28(2): 12-17.

[18] 李成, 井中武, 刘钊, 等. 钻柱信道内双声接收器的回波抑制方法分析[J]. 振动与冲击, 2013, 32(4): 66-70.

[19] 邱彬. 特殊钻具的声波传输信道特性的研究[D]. 西安: 西安石油大学硕士学位论文, 2015.

第2章 随钻声波传输信道特性及其模型的建立

2.1 引　言

本章首先介绍通用信息传输信道的基本理论；其次对声波传输的特性进行阐述；最后针对声波沿钻柱进行信息传输时，利用等效透声膜对钻杆的突变信道和渐变信道模型进行初步分析，对钻柱的构成进行模型化处理，建立声波沿钻柱模型传输信息的信道模型，并对信道模型进行仿真分析。

2.2 信道基本理论

本节介绍信息传输通道的基本概念和理论以及建立信息传输通道的数学模型，为后面声波信号传输信道系统研究奠定基础。

2.2.1 信道特征

在无线传输中，信道有三个主要特征，分别是信道衰落、信号传播的多径性和信道的时变性。

信道衰落指当信号通过某一物理信道传播时，接收机接收到的信号功率或者幅度会发生剧烈波动，这种现象称为信道衰落。信道衰落对于接收机信号的失真具有相当大的影响，研究信道特性的中心任务就是如何对抗这种信道引入的衰落。传输的信号在经过衰落信道后，将使接收机接收到的信号功率发生较大的起伏，而信号的恢复性能取决于一个适当的信噪比，如果信噪比低于一定的门限，则信号失真，无法解码原始信号，甚至会阻断正常通信过程。下面给出两种衰落信道的基本类型[1]，并对其特点加以说明。一种是大尺度衰落。大尺度衰落是指在较大的距离上引起功率的变化，这是由路径损耗和阴影效应引起的。路径损耗是由发射功率的辐射扩散和信道的传播特性产生的，而阴影效应是由发射机和接收机之间的障碍产生的，信号功率通过障碍物的吸收、反射、闪射和绕射等方式衰减，有时会严重阻断信号传播。另一种是小尺度衰落。小尺度衰落是指在波长数量级上产生的信号衰落。对于这种衰落情况，包含了多径效应和多普勒频移所引起的时变效应。

信号传播的多径性指在通信传播的过程中，信号除了直接传输途径，还可能发生反射和折射等多种传播途径，这将导致接收机接收到的信号是由多种途径到达的信号叠加而成的。对于接收机而言，由于接收信号会发生相位、时移等情况，信号将产生相消或者叠加，这将增大恢复信号的难度。信道多径性也称为信号的时间色散效应，最先到达的信号分量与最后到达的信号分量之间的时延就是时延扩展。如果时延扩展值与信号带宽的倒数值的差值很大，可能会使得信号失真。

信道的时变性是由发射机和接收机的运动引起的，也包括传输媒介的运动，这种运动使得传送路径中反射点的位置会随时间而变化。因此，在运动的发射机上发射脉冲，导致接收脉冲时每条多径的脉冲幅度、时延和多普勒频移变化信号产生叠加，这种效应将导致接收机接收信号失真严重，很难正确解码。

2.2.2 信道的数学描述

多径传播引起的信号失真是线性的，而由信道变化引起的多普勒效应的信道冲击响应具有时变性，因此信道属于线性时变信道。

信道的数学模型可以是一个具有时变冲击响应特性的线性滤波器，经过多径信道后，接收机的输出信号为

$$y(t)=s(t)\otimes c(\tau_n(t),t)=\sum_n a_n(t)s(t-\tau_n(t)) \quad (2\text{-}1)$$

式中，$c(\tau_n(t),t)$ 为时变信道冲击响应；$s(t)$ 为发射信号；$a_n(t)$ 为第 n 条多径接收信号的衰减系数；$\tau_n(t)$ 为此径信号对应的传播时延，显示了信道的全部信道特征；$\otimes$ 表示卷积运算。下面简要分析 $c(\tau_n(t),t)$ 的建模特性。

就一般分析而言，认为信道 $c(\tau_n(t),t)$ 是以 t 为变量的广义静态随机过程。如果接收到的信号是各路径信号的大量散射分量之和，那么根据中心极限定理，$c(\tau_n(t),t)$ 服从时间 t 的复高斯过程，即在任意时刻，$c(\tau_n(t),t)$ 实部和虚部的概率密度函数都服从于高斯分布。

接收信号可以表示为

$$\mu(t)=\mu_1(t)+j\mu_2(t) \quad (2\text{-}2)$$

式中，$\mu(t)$ 表示接收信号；$\mu_1(t)$ 和 $\mu_2(t)$ 分别表示接收信号的同相分量和正交分量，并且 $\mu_1(t)$ 和 $\mu_2(t)$ 都满足高斯分布且两者间统计不相关。

对于大多数多径信道，假定信道为广义静态非相关散射模型，那么信道包络的自相关函数可以表示为

$$R_c(\tau,\Delta t)=E[c(\tau,t)c(\tau,t+\Delta t)] \quad (2\text{-}3)$$

式中，Δt 为计算时移。

对自相关函数以 Δt 为变量进行傅里叶变换，可得功率谱密度函数，称为散射函数，即

$$S(\tau,f) = \int_{-\infty}^{+\infty} R_c(\tau,\Delta t) e^{-j2\pi f \Delta t} \, d(\Delta t) \tag{2-4}$$

此散射函数变量为时延 τ 和频率 f，其表征了信道的具体特征。通信系统中，多普勒功率谱定义为

$$S(f) = \int_{-\infty}^{+\infty} S(\tau,f) \, d\tau \tag{2-5}$$

时域的衰落波形由多普勒扩展频谱决定，在实际应用中，Jakes 经典谱为最常见的一种功率谱，为简化问题，假定此功率谱的电磁波传播发生在二维平面，并且认为入射波在（0，2π）上服从均匀分布。

2.2.3 信道的分析方法和参数

在信道的分析过程中，信道的相干性最重要。衰落是用来描述受某种选择性影响的信道的一般性术语。如果一个信道是一个与时间、频率或者空间有关的函数，那么这个信道就具有选择性。与选择性相反的就是相关性，即在一定的窗口内，信道是一个与上述参量无关的函数。以下介绍常见的时间相关性和频率相关性。

如果信道的包络在一个特定的时间窗口内不发生变化，那么称此信道就是时间相关的。数学上，信道时间函数 $h(t)$ 可以表示为

$$|h(t)| \approx V_0 |t - t_0| \leqslant \frac{T_c}{2} \tag{2-6}$$

式中，V_0 是电压常数；T_c 是时间窗口；t_0 是任意时间时刻。满足式（2-6）的最大 T_c 值称为相干时间。

如果相干时间 T_c 远小于应用的时延要求，则认为此信道为慢衰落信道；反之则认为是快衰落信道。

频率相关性与时间相关性相对应。满足无线信道的载波频率在一个特定的频率窗口内不发生变化，则此信道就是频率相关的。数学上，信道频率响应 $h(f)$ 可以表示为

$$|h(f)| \approx H |f_c - f| \leqslant \frac{B_c}{2} \tag{2-7}$$

式中，H 为幅度常数；B_c 为频率窗口；f_c 为中心载波频率。满足式（2-7）的最大 B_c 值称为相关带宽。频率相关性指在多径扩展的情况下，如果输入带宽远小于相干带宽 B_c，则认为信道为平衰落信道。反之则为频率选择性衰落信道。

基于以上两种相关性的定义和分析，一般将信道表述为以下两种特征：时间相关是通过信道变化快慢与传输符号相比来判断的。频率相关是由多径散射导致符号色散所判定的。

2.3 声波传输的基础知识

2.3.1 声波传输的基本概念

声波是物质中质点的一种运动形式，其本质上是一种机械波，是由物质中质子的机械振动产生的，并且通过质点与质点之间的相互作用进行振动传播，而质点之间由弹性相互联系。

声波在介质中传播，如果质点的传播方向与质点的振动方向垂直称为横波；如果质点的传播方向和质点的振动方向一致则称为纵波。

2.3.2 声波传输的基本特点

无论是弹性波、电波、纵波还是横波，在介质中都以相似的机制传输。当波在电力线或晶体点阵这样的微观周期性结构中传播时，其信道特性就相当于经过一个带通滤波器，即某些频率波能够几乎没有衰减地通过，而某些频率波因衰减严重而无法通过。能通过的频率带形成通带，而不能通过的频率带形成阻带，在频谱上呈现出通带和阻带交替的梳状滤波器结构。针对这样的梳状频谱结构，如何选择载波信号的频率至关重要。声波沿钻柱传输，其信道特性正是梳状频谱结构。

声波是一种机械波，是以一种运动形式在介质中传播的，其声波传输的介质也是多样化的，可以是固体，也可以是流体，因此从理论上说，声波信号在井下的传输通道可以是钻柱、钻井液，也可以是地层。下面分别讨论下列井下声波传输通道。

（1）地层信道。如果用地层作为声波传输介质，会有很多影响因素，如地层的复杂性、孔隙度和岩性都不同，以及多层行、各向异性等无法具体地进行研究，并且地层无限性使得声波严重衰减，不利于声波长距离传输信息，因此声波传输不采用地层作为传输信道。

（2）钻井液信道。钻井液是指维持钻井操作正常运行的液体，将钻井过程中井下产生的岩屑通过地面与井下之间的往复循环而带到地面，并给钻头降温。它是连接井下至地面的桥梁，在钻井中是必不可少的一部分。在现场实际应用中，使用的钻井液类型会因钻井工况不同而经常调整，钻井液的密度随井下压力不同而不同，钻井液中添加的成分也因实际需要而变化。另外，在常规钻井时，会选择液态钻井液，在欠平衡钻井时一般会采用泡沫或空气钻井液。钻井液中还经常有其他物质，包括一些气相和固相成分，地层渗透出的气体、地层水和钻屑等，这些都可能使信道传输特性发生变化，以至于影响信号的传输，甚至可能是严重的质的变化，信号无法有效传输。声波在采用泡沫或者空气钻井时，其传播会发生严重的散射，产生严重的衰减现象。正是由于这些因素，声波在传输过程中极不稳定，从而大大降低通信系统的可靠性和适用性。

当然，声波作为介质沿着钻井液传输信号不是完全行不通。钻井液在井下分为两部分，钻柱内的钻井液和环空的钻井液。相对来说，钻柱内的钻井液污染少，成分相对简单，在钻井中仍然可以被当作传输声信号的介质使用。在水平井、定向井中钻进时，在靠近钻头处，都安装着井下动力钻具，如螺杆钻具等定向钻井工具，而这些井下钻具的内部结构比较复杂，钻井通常会影响钻井液循环通道的结构从而影响声波的正常传输，因此钻井液不能作为一个很好的通信信道。

（3）钻柱信道。井下钻具可以作为声波传输的介质，包括钻杆、钻铤、各种接头和其他一些钻井工具。在钻井过程中，不同的钻具组合起来，连接地面与井下。这些钻具通常由钢制成，材质致密、均匀，而且在材料特性上具有各向同性。钻柱的特性取决于自身，几乎不会受到外界因素的影响。另外，钻柱在从钻头到地面建立起了一个连续而致密的金属通道，可以作为很好的通信信道。因此，井下钻柱可以作为一个较好的声波传输信道。目前，对井下信息传输通道的研究也主要是信道的研究。本书研究的声波传输信道选择井下钻柱组合信道。

当以钻柱作为井下声波的传输信道时，钻柱受到声源激励后，不仅发生体积形变，而且发生剪切形变，同时产生纵波和横波。根据固体中应力和应变的关系，以及基于广义胡克定律，得出在各向同性均匀的固体中传输的弹性波方程为

$$\rho \frac{\partial^2 u_x}{\partial t^2} = (\lambda + \mu)\frac{\partial \Delta}{\partial x} + \mu \nabla^2 u_x \tag{2-8}$$

$$\rho \frac{\partial^2 u_y}{\partial t^2} = (\lambda + \mu)\frac{\partial \Delta}{\partial y} + \mu \nabla^2 u_y \tag{2-9}$$

$$\rho \frac{\partial^2 u_z}{\partial t^2} = (\lambda + \mu)\frac{\partial \Delta}{\partial z} + \mu \nabla^2 u_z \tag{2-10}$$

其中

$$\Delta = \frac{\partial u_x}{\partial x} + \frac{\partial u_y}{\partial y} + \frac{\partial u_z}{\partial z} \tag{2-11}$$

$$\nabla^2 = \frac{\partial^2}{\partial x^2} + \frac{\partial^2}{\partial y^2} + \frac{\partial^2}{\partial z^2} \tag{2-12}$$

式中，ρ 是固体介质的密度；λ 和 μ 为拉梅常数，反映应力和应变的比例系数，与杨氏模量 E 和泊松比 σ 的关系为

$$\lambda = \frac{E\sigma}{(1+\sigma)(1-2\sigma)} \tag{2-13}$$

$$\mu = \frac{E}{2(1+\sigma)} \tag{2-14}$$

令式（2-8）～式（2-10）中的位移旋转向量为零，那么

$$\begin{cases} \omega_x = \dfrac{1}{2}\left(\dfrac{\partial u_z}{\partial y} - \dfrac{\partial u_y}{\partial z}\right) = 0 \\ \omega_y = \dfrac{1}{2}\left(\dfrac{\partial u_x}{\partial z} - \dfrac{\partial u_z}{\partial x}\right) = 0 \\ \omega_z = \dfrac{1}{2}\left(\dfrac{\partial u_y}{\partial x} - \dfrac{\partial u_x}{\partial y}\right) = 0 \end{cases} \quad (2\text{-}15)$$

这样产生的位移就称为无旋位移，相应的弹性波就称为无旋波。将式（2-8）～式（2-10）简化为

$$\dfrac{\partial^2 u_x}{\partial x^2} = c_1 \nabla^2 u_x, \quad \dfrac{\partial^2 u_y}{\partial y^2} = c_1 \nabla^2 u_y, \quad \dfrac{\partial^2 u_z}{\partial z^2} = c_1 \nabla^2 u_z \quad (2\text{-}16)$$

如果弹性体体积变化为0，也就是弹性体中任意部分无容积的变化，那么有

$$\Delta = \dfrac{\partial u_x}{\partial x} + \dfrac{\partial u_y}{\partial y} + \dfrac{\partial u_z}{\partial z} = 0 \quad (2\text{-}17)$$

如果质点的位移为等容位移，那么相应的弹性波为等容波，将式（2-17）表示成

$$\dfrac{\partial^2 u_x}{\partial t^2} = c_2 \nabla^2 u_x, \quad \dfrac{\partial^2 u_y}{\partial t^2} = c_2 \nabla^2 u_y, \quad \dfrac{\partial^2 u_z}{\partial t^2} = c_2 \nabla^2 u_z \quad (2\text{-}18)$$

式（2-16）和式（2-18）中的无旋波和等容波传播速度分别为

$$c_1 = \sqrt{\dfrac{\lambda + 2\mu}{\rho}} = \sqrt{\dfrac{E(1-\sigma)}{(1+\sigma)(1-2\sigma)\rho}} \quad (2\text{-}19)$$

$$c_2 = \sqrt{\dfrac{\mu}{\rho}} = \sqrt{\dfrac{E}{2(1+\sigma)\rho}} \quad (2\text{-}20)$$

式中，c_1是固体中纵波的传播速度，m/s；c_2是固体中横波的传播速度，m/s；ρ是固体的密度，kg/m³；E和σ，λ和μ是两组可以分别独立表示应力与应变间关系的弹性常数；E是杨氏模量，表示正应力与正应变的比例系数；σ是泊松比，表示物体横向应变与纵向应变的比例系数；λ表示正应力和正应变的比例系数，μ表示切应力和切应变的比例系数。

方程（2-16）表示的无旋波称为纵波或者胀缩波，方程（2-18）表示的等容波称为横波或者剪切波。纵波波速和无旋波波速相等，$c_L = c_1$；横波波速与等容波波速相等，即$c_T = c_2$。无旋波和等容波分别按照不同的传输速度在无限固体中传播，两者在弹性固体边界处时发生耦合现象。

固体介质中一般$0 \leqslant \sigma \leqslant 0.5$，因此$c_L / c_T = \sqrt{2(1-\sigma)/(1-2\sigma)} > 1$，即横波速度小于纵波速度。另外，波数$k$不影响波速。在均匀、各向同性、无界的弹性介质中，平面谐波没有频散现象。

因此，纵波和横波都存在于无限固体介质中，其包含 c_L 和 c_T 两种弹性波的传播速度，如果两种波叠加，就可以得到弹性波在无线弹性固体介质中传播的一般情况。把纵波和横波的质点位移或者质点振速进行叠加就是弹性固体介质中的质点位移或者质点振速。

声波在介质中传播时，传播距离越大，声波的能量越弱，这种现象称为声波的衰减。导致声波衰减的原因有散射衰减、扩散衰减和吸收衰减。声波在介质中传播时，由反射、散射引起的衰减称为散射衰减；由波束的扩散引起的衰减称为扩散衰减；由热传导和介质中各质点间的内摩擦引起的衰减称为声波的吸收衰减。声波信号在井下沿钻杆传输的衰减主要是吸收衰减和散射衰减。

造成吸收衰减的因素主要有两个：一个是部分声波能量转化成热能；另一个是部分声波能量转化为分子内部的运动能量。

吸收衰减的规律可表示为

$$J = J_0 e^{-\delta L} \tag{2-21}$$

式中，J 为距离声源距离为 L 的声强度；J_0 为声源处声强度；δ 为衰减系数；L 为传输距离。声波衰减系数 δ 受钻柱周围介质黏滞系数以及传输信号频率等因素的影响，黏滞系数越大，δ 就越大；传输信号频率越高，δ 也越大。因此，如果信号以相同的频率在钻柱中传输，黏滞系数越大，在接收端接收的信号幅值就越小。

造成声波反射、散射衰减的主要原因是钻杆在连接处传输介质结构的变化。当声波信号在由钻杆连接成的钻柱中传输时，在钻杆管体结构不发生变化时，信号基本不产生衰减；但当信号传输至钻杆接头时，信道结构发生变化，则会产生较大的衰减。这是因为声波在截面积变化处会发生反射，一部分能量被反射，导致透射声波的能量小于入射声波，以此类推，声波经过多根钻杆传输后能量会越来越小，在接收端接收到信号的能量也会很小。钻杆间的耦合系数越小，反射波声强就越大，透射波声强就越小，声波的能量衰减也就越严重。此外，如果在连接钻杆之间的接头处有杂质或者连接不规整，那么信号传输至此处时会发生散射，信号的衰减会更严重，所以减小钻杆与周围介质的黏滞系数和减少声波在接头处的反射、散射将有利于声波信号在钻井中的远距离传输。当钻杆与钻杆连接的材质相同并且接头连接很紧密时，声波反射、透射就会相应减少，但是在实际应用中，连接各个钻杆的螺纹丝扣并非都是理想化的紧密接触，在钻井过程中，连接处总会沾染油黏土、砂和蜡等杂质。

2.3.3 相速、群速和色散曲线

波速是研究波传播特性的一个重要参数。弹性波的传播速度通常是指相速（c_p），即相位向前传播的速度，定义为

$$c_{\mathrm{p}}=\frac{\omega}{k} \qquad (2\text{-}22)$$

式中，k 表示波数，是单位长度内所含的波的个数；ω 是弹性波的振动角频率。如果相速不随频率改变，那么其弹性波的传播速度就是常数，这种传输介质称为非色散介质。如果波的相速与频率有关，那么其传输介质则称为色散介质，这种相速与频率有关的现象称为色散现象，波数与频率的关系曲线称为色散曲线，这时相速已经不能反映能量的实际传播状况，从而引入了群速的概念。通常情况下，某些频率合在一起就形成了一个或几个频带，此时的波不是以相速向前传播的，而是每一群波的传播速度与色散曲线的斜率相关，该斜率在频带的中心频率求取，这就是群速。在没有衰减或者衰减很小的情况下，群速为波群的最大振幅的传播速度，即能量的传播速度。如果波群中含有许多频率几乎连续的成分，其群速可以表达为

$$c_{\mathrm{g}}=\frac{\mathrm{d}\omega}{\mathrm{d}k} \qquad (2\text{-}23)$$

可以得到以下关系式

$$c_{\mathrm{g}}=\frac{\mathrm{d}\omega}{\mathrm{d}k}=\frac{\mathrm{d}(kc_{\mathrm{p}})}{\mathrm{d}k}=c_{\mathrm{p}}+k\frac{\mathrm{d}c_{\mathrm{p}}}{\mathrm{d}k} \qquad (2\text{-}24)$$

一般有 $\dfrac{\mathrm{d}c_{\mathrm{p}}}{\mathrm{d}k}<0$，通过式（2-23）和式（2-24）可以得到 $c_{\mathrm{g}}<c_{\mathrm{p}}$。某些频率的波合在一起就形成波群，然后以群速度向前传播，而波群中的每个频率的波仍以相速 $c_{\mathrm{p}}=\omega/k$ 向前传播，也就是在色散介质中，波传播的相速与群速是不相等的，并且其都是频率的函数。

2.3.4 声波沿钻柱传输的研究方向

实际钻杆都是长约 10m 的钢管，由管体和接头组成。钻柱则是由钻杆为主体连接而成，长度可达几千米。在石油开采过程中，通常需要实时获取井下的信息，并将其传输到地面，在地面控制和调整钻井操作过程的某些参数。本章研究声波传输信道的特性，以及纵波在钻杆结构中的传播特性，为随钻声波传输装备的研制提供理论依据。

2.4 声波信号沿钻柱传输突变截面信道模型的建立

下面从数学的角度对声波沿钻柱传输的突变截面信道进行基本描述和分析。目前，对声波信道进行数值分析模拟的主要方法有传递矩阵法、有限元法和等效透声膜法。本书分析中主要运用等效透声膜法。

2.4.1 声波在钻柱中传输的基本规律

声波的传输通道基本是通过钻杆组合实现的,在此通道可长距离传输的声波频率为1~2000Hz,拉伸波、扭转波和弯曲波三种类型的声波可以被检测到。弯曲波的波速是最慢的,甚至在同一直径的管体中也会发生分散,这导致信号衰减严重,因此一般不考虑将弯曲波用来通信。将拉伸波和扭转波用来通信都是可以接受的[2]。在上述频率下,拉伸波和扭转波的波长比一般钻杆的直径都要长,所以它们在不变直径的管状结构传播是不会发生散射的。如果实际中钻杆的横截面积都不发生变化,声波传输问题就会简单得多。但是,实际中钻杆的横截面积是不同的,分为钻杆管体和钻杆接头,钻杆接头为了满足适应更大的应力,其横截面积大于钻杆管体的横截面积。拉伸波和扭转波在每个连接头横截面积变化处都会发生反射,拉伸波的反射系数取决于横截区域在整个钻杆中的比例,而扭转波的反射依赖于横截面的惯性极矩。由于扭转波会在接头处发生更为强烈的反射,所以实现井下远距离通信的是拉伸波[3-5]。

2.4.2 突变截面周期性钻杆信道的等效透声膜分析

突变截面周期性钻杆信道模型是指钻杆管体与接头在横截面变化处没有斜面过渡。声波传输信道模型的等效透声膜法,即一种单个钻具的无缝声波传输模型。所谓的无缝含义就是声波在钻具的连接处只有透射而没有反射,由于钻杆管体部分均匀连续,如果以此部分作为钻具间的连接处就可以实现只有透射而没有反射。钻杆间的接头处作为一个独立的模型,可以实现不同钻具的任意组合。该模型能够包括各种结构的异型管具,而且可以任意组合这些异型管具,只要异型管具自身具有均匀连续的管体段即可。研究这种无缝声波传输模型的信道特性就可以为不同的钻井作业量身定制最优的声波遥测方案。

井下信息传输时,使用声波作为信息载体在钻杆中传播。声波在钻杆中传播时,其实质就是质点振动形式在钻杆中的传播。如图2-1所示,沿杆的轴向位置用z表示,时间用t表示,纵向位移为$U(t,z)$。

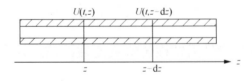

图2-1 均匀杆的坐标

由弹性理论中的胡克定律可知,截面单位面积上的应力等于杨氏模量乘以应变[6,7],即

$$\frac{F}{A} = E\frac{\partial U}{\partial z} \tag{2-25}$$

式中，F 为截面上的应力；A 为横截面积；E 为杨氏模量；$\frac{\partial U}{\partial z}$ 表示应变。

根据牛顿第二定律可知

$$\frac{\partial F}{\partial z} = \rho A a \tag{2-26}$$

式中，ρ 为杆材料密度；A 为横截面积；a 为纵向加速度，且 $a = \frac{\partial^2 U}{\partial t^2}$。

根据式（2-25）和式（2-26），得到纵波振动方程为[7]

$$\frac{\partial^2 U}{\partial z^2} = \frac{1}{c^2}\frac{\partial^2 U}{\partial t^2} \tag{2-27}$$

式中，c 是声波在钻杆中的传播速度，$c^2 = E/\rho$，其值与钻杆材料及杨氏模量有关。

在简谐振动情况下，$\frac{\partial^2 U}{\partial t^2} = -\omega^2 U$。纵波方程简化为

$$\frac{\partial^2 U}{\partial z^2} + \frac{1}{c^2}U = 0 \tag{2-28}$$

其通解为

$$U = u\mathrm{e}^{jkz} + v\mathrm{e}^{-jkz} \tag{2-29}$$

声波纵波沿钻杆轴向 z 轴振动的位移方程的解为

$$U(z,t) = (u\mathrm{e}^{jkz} + v\mathrm{e}^{-jkz})\mathrm{e}^{j\omega t} \tag{2-30}$$

式中，u 和 v 分别表示前进位移幅值和反射位移幅值；$k = 2\pi f/c$，称为波数，f 为振动波频率。令声波向右传播，由于声信号会随传输距离的增加而衰减，因此增加衰减系数，$\gamma = k - j\alpha$，α 表示声波在钻具中的衰减系数。

式（2-30）可化为

$$U(z,t) = (u\mathrm{e}^{j\gamma z} + v\mathrm{e}^{-j\gamma z})\mathrm{e}^{j\omega t} \tag{2-31}$$

取如图 2-2 所示的周期性钻具组合模型，令钻柱由相同规格的钻杆级联而成。设钻杆管体长度为 L，其截面积为 A_1；钻杆接头的长度为 l，其截面积为 A_2；并令钻杆管体和接头以及钻杆之间的材料相同，且都为均匀介质，建立图 2-2 中的坐标系。钻杆中的声波传输，当遇到接头截面积发生变化时发生反射和透射现象。钻杆管体与接头截面积变化处是突变的，没有过渡。

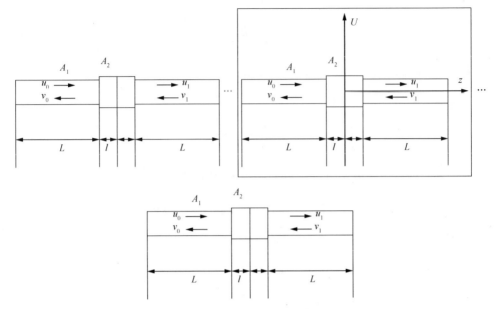

图 2-2 周期性钻具组合模型

实际中如果使用同一种规格的钻杆连接成钻柱，那么使用的钻杆是含有接头的周期性结构，整个钻杆的横截面是周期性变化的。当把图 2-2 的方框部分看成一个单元，多个钻杆级联成钻柱可等效看成多个这样的单元结构的级联，每个单元由两个紧密连接的接头和两个半钻杆管体组成，这是个等效结构，等效钻杆的接合部是没有截面积的变化的，故声波不发生反射。因此，称这种等效钻杆单元为声波无反射钻杆，称这个钻杆模型为钻杆声波无缝传输模型。则整个周期性钻柱可看成由 N 个相同的声波无反射钻杆级联而成，而每个级联单元的内部声波反射、透射情况如图 2-3 所示。

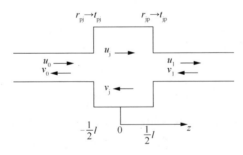

图 2-3 钻杆和连接处的边界条件结构图

在一个单元中，把钻杆管体和钻杆接头分开来看，可将钻杆管体和钻杆接头分别看成均匀的等截面管，在每段上满足振动方程，而且其解的形式也相同，只是位移振幅常数 u、v 和相位不同。

对于钻杆管体，位移解记为

$$U_i(z,t) = (u_i e^{j\gamma z} + v_i e^{-j\gamma z})e^{j\omega t}, \quad i=1,2,\cdots,N+1 \qquad (2-32)$$

对于钻杆接头，位移解记为

$$U_m(z,t) = (u_m e^{j\gamma z} + v_m e^{-j\gamma z})e^{j\omega t}, \quad m=1,2,\cdots,N \qquad (2-33)$$

式中，下标 i、m 分别表示不同的钻杆管体和钻杆接头。

根据声波导管理论，声波在波导管中传播时，如果遇到截面突变结构，在接触面上将会发生反射和透射现象，使得一部分声波反射回去，另一部分声波发生透射。在钻杆管体和钻杆接头的连接处满足如下条件。

波动位移为

$$U = \left(u e^{j\gamma z} + v e^{-j\gamma z}\right)e^{j\omega t} \qquad (2-34)$$

杆中波动应变为

$$\frac{\partial U}{\partial z} = j\gamma\left(u e^{j\gamma z} - v e^{-j\gamma z}\right)e^{j\omega t} \qquad (2-35)$$

对于任意一单元连接处有：位移连续 $U_i = U_m$，应力连续 $A_i\dfrac{\partial U_i}{\partial z} = A_m\dfrac{\partial U_m}{\partial z}$。

具体到图 2-3 所示的坐标系中，将振动位移和截面应力代入式（2-34）和式（2-35），可得到如下结论。

在 $z = -\dfrac{1}{2}l$ 处，有

$$\begin{cases} u_0 e^{-j\gamma\frac{l}{2}} + v_0 e^{j\gamma\frac{l}{2}} = u_m e^{-j\gamma\frac{l}{2}} + v_m e^{j\gamma\frac{l}{2}} \\ A_0 j\gamma(u_0 e^{-j\gamma\frac{l}{2}} - v_0 e^{j\gamma\frac{l}{2}}) = A_1 j\gamma(u_m e^{-j\gamma\frac{l}{2}} - v_m e^{j\gamma\frac{l}{2}}) \end{cases} \qquad (2-36)$$

在 $z = \dfrac{1}{2}l$ 处，有

$$\begin{cases} u_m e^{j\gamma\frac{l}{2}} + v_m e^{-j\gamma\frac{l}{2}} = u_1 e^{j\gamma\frac{l}{2}} + v_1 e^{-j\gamma\frac{l}{2}} \\ A_1 j\gamma(u_m e^{j\gamma\frac{l}{2}} - v_m e^{-j\gamma\frac{l}{2}}) = A_0 j\gamma(u_1 e^{j\gamma\frac{l}{2}} - v_1 e^{-j\gamma\frac{l}{2}}) \end{cases} \qquad (2-37)$$

式中，A_1 为钻杆接头的横截面积；A_0 为钻杆管体段的横截面积。

如果只考虑声波通过接头时的反射和透射效应，可以认为右端钻杆长度为无限长，而且没有反射回波存在，即 $v_1 = 0$。

$$\begin{cases} (A_1 + A_0)u_0 + (A_1 - A_0)v_0 e^{j\gamma l} = (A_1 + A_0)u_1 \\ (A_1 - A_0)\dfrac{u_0}{e^{j\gamma l}} + (A_1 + A_0)v_0 = (A_1 - A_0)u_1 e^{j\gamma l} \end{cases} \qquad (2-38)$$

定义反射系数 $R = -\dfrac{v_0}{u_0}$，透射系数 $T = \dfrac{u_1}{u_0}$，用来表征钻杆接头的声波反射和

透射系数，其中 v_0 为左行位移，u_0 为右行位移，因此在反射系数 R 上要加一个方向负号，而透射系数 T 中位移的方向是相同的，无需加负号。将式（2-38）两端同时除以 u_0，得

$$\begin{cases} (A_1 + A_0) - (A_1 - A_0)Re^{j\gamma l} = (A_1 + A_0)T \\ (A_1 - A_0)\dfrac{1}{e^{j\gamma l}} - (A_1 + A_0)R = (A_1 - A_0)Te^{j\gamma l} \end{cases} \quad (2\text{-}39)$$

令 $r = \dfrac{(A_1 - A_0)}{(A_1 + A_0)}$，式（2-39）可以化为

$$\begin{cases} 1 - rRe^{j\gamma l} = T \\ \dfrac{1}{e^{2j\gamma l}} - \dfrac{1}{r}R\dfrac{1}{e^{j\gamma l}} = T \end{cases} \quad (2\text{-}40)$$

求解方程组（2-40）可得到位移的反射系数和透射系数为

$$R = r\left(1 - \dfrac{(1-r^2)e^{2j\gamma l}}{1 - r^2 e^{2jkl}}\right) \quad (2\text{-}41)$$

$$T = \dfrac{1 - r^2}{1 - r^2 e^{2j\gamma l}} \quad (2\text{-}42)$$

这里要注意两点：一是钻杆接头两侧是对称结构，因此不管声波由哪侧入射，其反射系数和透射系数都是一样的；二是钻杆接头是有一定长度的管道结构，只考虑接头的反射和透射作用，忽略了长度的影响，在声波传输过程中显然不妥。

如图 2-4 所示，接头在声波传输过程中有两种作用：一种是声波导管；另一种是由于截面积变化而引起的反射和透射。对于声波的反射和透射作用，可以由等效透声薄膜来表示。同时接头具有一定的长度，如果在声波传输过程中不考虑声波的反射和透射，那么就可以把接头截面大小等效为与钻杆管体相等，长度为整个钻杆接头的长度。

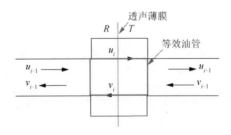

图 2-4 钻杆和接头的等效模型

整个钻杆是由钻杆管体和接头组成的周期性结构。设每根钻杆长度为 L，将每根钻杆分为两节，则每段长度均为 $L/2$。该结构以接头为主体，由于截面积变化，接头对声波传输特性的影响可以由反射系数和透射系数来表示，将接头等效

地看成透声膜和等效钻杆，如果考虑接头的长度对声波传输的影响，那么两侧钻杆管体的长度分别增加 $l/2$，这样接头两侧每段钻杆的长度为 $(L+l)/2$。

钻杆管体的截面大小、材料都相同，无论声波从钻杆哪一侧入射，反射系数和透射系数都是一样的。如果有两列声波入射，其距离小，可以忽略相位变化，并令声波左侧振动位移为 u_0、v_0，声波右侧振动位移为 u_1、v_1。u_0、v_0、u_1、v_1 分别是质点振动引起的位移变化，而在截面积相同处为连续的，在膜上的质点振动的位移是相等的，并规定向右为正方向。

在 $z=0$ 右侧，满足边界条件振动位移相等，即 $u_1 - v_1 R = u_0 T$。声波右侧引起的振动位移与声波左侧引起的振动位移相等。

在 $z=0$ 左侧，满足边界条件振动位移相等，即 $-v_0 + u_0 R = -v_1 T$。同理，声波左侧引起的振动位移与声波右侧引起的振动位移相等。

u_0、v_0 表示膜左侧 $(L+l)/2$ 处的声波的振动位移，u_1、v_1 表示膜右侧 $(L+l)/2$ 处声波的振动位移，计算时需考虑声波相位的变化，声波在左侧 $L_n/2$ 处振动位移的相位变化为 ϕ_0，右侧 $L_n/2$ 处振动位移的相位变化为 ϕ_1。其中，L_n 为钻杆管体的长度，l 为钻杆接头的长度，有

$$\begin{cases} u_1 = \phi_0 T_1 \phi_0 u_0 + \phi_1 R_1 \phi_1 v_1 \\ v_0 = \phi_1 T_1 \phi_0 v_1 + \phi_0 R_1 \phi_0 u_0 \end{cases} \tag{2-43}$$

将方程（2-43）重写为双口网络 S 参数模型[8]

$$\begin{bmatrix} v_0 \\ u_1 \end{bmatrix} = \begin{bmatrix} \phi_0 R_1 \phi_0 & \phi_1 T_1 \phi_0 \\ \phi_0 T_1 \phi_1 & \phi_1 R_1 \phi_1 \end{bmatrix} \begin{bmatrix} u_0 \\ v_1 \end{bmatrix} = \begin{bmatrix} S_{11} & S_{12} \\ S_{21} & S_{22} \end{bmatrix} \begin{bmatrix} u_0 \\ v_1 \end{bmatrix} \tag{2-44}$$

由一个理想 S 参数钻杆的模型，可导出其 T 参数，T 参数描述的模型方程为

$$\begin{bmatrix} u_1 \\ v_1 \end{bmatrix} = \begin{bmatrix} T_{11} & T_{12} \\ T_{21} & T_{22} \end{bmatrix} \begin{bmatrix} u_0 \\ -v_0 \end{bmatrix} \tag{2-45}$$

式中，由 S 参数到 T 参数的转换公式可得[9] $T_{11} = -\dfrac{\Delta_s}{S_{12}}$，$T_{12} = -\dfrac{S_{22}}{S_{12}}$，$T_{21} = -\dfrac{S_{11}}{S_{12}}$，$T_{22} = -\dfrac{1}{S_{12}}$，$\Delta_s = S_{11} S_{22} - S_{12} S_{21}$。

对于计算由 N 段钻杆连接成的钻柱，具有很好的递推特性，有

$$\begin{cases} u_n = \phi_{n-1} T_n \phi_n u_{n-1} + \phi_n R_n \phi_n v_n, & n=1,2,\cdots,N \\ v_n = \phi_{n+1} T_{n+1} \phi_n v_{n+1} + \phi_n R_{n+1} \phi_n u_n, & n=0,1,\cdots,N-1 \end{cases} \tag{2-46}$$

式中，$\phi_n = \mathrm{e}^{jk(L_n+l)/2}$。式（2-46）表示声波在钻柱中传播的一种传递关系，因为钻杆结构具有周期性，所以矩阵关系也具有周期性，可以进行传递计算，得

$$\begin{bmatrix} u_N \\ v_N \end{bmatrix} = \left(\prod_{n=1}^{N} \begin{bmatrix} \phi_n & 0 \\ 0 & \dfrac{1}{\phi_n} \end{bmatrix} \begin{bmatrix} \dfrac{T_n^2 - R_n^2}{T_n} & \dfrac{R_n}{T_n} \\ -\dfrac{R_n}{T_n} & \dfrac{1}{T_n} \end{bmatrix} \begin{bmatrix} \phi_{n-1} & 0 \\ 0 & \dfrac{1}{\phi_{n-1}} \end{bmatrix} \right) \begin{bmatrix} u_0 \\ v_0 \end{bmatrix} \quad (2\text{-}47)$$

根据等效反射系数和等效透射系数的定义，即传输系数 $t_N = \dfrac{u_n}{u_0}$，反射系数 $r_0 = \dfrac{v_0}{u_0}$，且右端钻杆长度为无限长，即末端钻杆的声波无反射，式（2-47）可以表示为

$$\begin{bmatrix} t_N \\ 0 \end{bmatrix} = \left(\prod_{n=1}^{N} \begin{bmatrix} \dfrac{T_n^2 - R_n^2}{T_n} \phi_n \phi_{n-1} & \dfrac{R_n \phi_n}{T_n \phi_{n-1}} \\ -\dfrac{R_n \phi_{n-1}}{T_n \phi_n} & \dfrac{1}{\phi_n T_n \phi_{n-1}} \end{bmatrix} \right) \begin{bmatrix} 1 \\ r_0 \end{bmatrix} = \begin{bmatrix} M_{11} & M_{12} \\ M_{21} & M_{22} \end{bmatrix} \begin{bmatrix} 1 \\ r_0 \end{bmatrix} \quad (2\text{-}48)$$

最终，等效钻柱的传输系数可以表示为

$$t_N = M_{11} - \dfrac{M_{12} M_{21}}{M_{22}} \quad (2\text{-}49)$$

该方法用假设的等效透声膜来描述接头与钻杆管体横截面积变化对声波传输造成的反射和透射的影响，其分析的信道特性与 Lous 等[10,11]导出的周期性结构钻杆中透射波与反射波幅度的传输矩阵方法表示的信道特性完全一致，而且等效透声膜法更利于建立单钻具模型的声波无缝传输模型，根据信号与系统的思想与理论，能更方便地实现任意钻具组合级联的仿真分析。本小节利用等效透声膜法对井下声波信号沿钻柱传输的信道进行分析研究，建立突变周期性钻柱声波传输信道的模型，为随钻测量仪器的研究与仿真提供了支持平台。

2.4.3 突变截面周期性钻杆信道的 FIR 滤波器模拟

对应具体的钻杆，根据已知的钻杆结构参数，利用透声膜方法，图 2-4 中声波通过单根钻杆的无缝传输模型的特性可用双口网络的 S 参数描述，式（2-44）重写为

$$\begin{bmatrix} v_0 \\ u_1 \end{bmatrix} = \begin{bmatrix} \phi_0 R_1 \phi_0 & \phi_1 T_1 \phi_0 \\ \phi_0 T_1 \phi_1 & \phi_1 R_1 \phi_1 \end{bmatrix} \begin{bmatrix} u_0 \\ v_1 \end{bmatrix} = \begin{bmatrix} S_{11} & S_{12} \\ S_{21} & S_{22} \end{bmatrix} \begin{bmatrix} u_0 \\ v_1 \end{bmatrix} \quad (2\text{-}50)$$

式中，$\phi_n = e^{jk(L_n + l)/2}$。其中，$n = 0,1$；$k = \omega/c$，$\omega$ 为振动波角频率，c 为声波在钻杆中的传输速度；L_0 和 L_1 分别为无缝传输模型中左边和右边钻杆的长度；l 为两个钻杆连接接头的总长度。

根据 S 参数的结构特性，应用数字滤波器设计方法，模拟钻杆信道某个钻具或某段短节的声波传输特性，根据其线性相位特性，用有限长单位脉冲响应（finite impulse response，FIR）滤波器实现声波钻杆信道的软件模拟，同时其设计参数又可以很方便地使用现场可编程门阵列（field-programmable gate array，FPGA）进行硬件实现，从而可以成为一个独立的信道模拟模块。

单钻具无缝传输模型 FIR 滤波器设计步骤如下[12]。

（1）选定所关心的频带范围，计算 4 个 S 参数在此频带内的频率特性；

（2）逐一设计 4 个 S 参数，从 S_{12} 开始，通过逼近 S_{12} 的幅频特性，设计 FIR 滤波器，寻找合适的长度范围；

（3）通过逼近 S_{12} 的相频特性，以均方误差最小为准则确定最佳 FIR 滤波器长度；

（4）重复上述步骤完成 4 个 S 参数的 FIR 滤波器的设计。

根据双口网络串联时以 T 参数描述易于计算，将 S 参数转化为 T 参数，再应用串联钻杆信道中声波传输的末端无反射的特点，获得无缝声波模型串联构成周期性钻杆信道的传输参数特性。无缝声波传输模型 T 参数描述方程如式（2-45）所示，S 参数可以方便地转换为 T 参数。

如果 N 个不同的钻具无缝连接，每个钻具的传输函数用 T_k（k=1,2,…,N）表示，则 N 个级联钻具的传输函数为 N 个子传输函数的矩阵连乘，即

$$T = \prod_{k=1}^{N} T_k \quad (2\text{-}51)$$

假设声波在级联周期性结构中传输时，在末端钻杆的声波无反射，有

$$\begin{bmatrix} t \\ 0 \end{bmatrix} = \begin{bmatrix} T_{11} & T_{12} \\ T_{21} & T_{22} \end{bmatrix} \begin{bmatrix} 1 \\ r \end{bmatrix}$$

即

$$t = T_{11} - \frac{T_{21}}{T_{22}} T_{12} \quad (2\text{-}52)$$

称 t 为声波沿钻柱传输的传输系数，该参数描述了声波沿钻柱传输的传输特性。

在采用 S 特性参数逼近方法设计 FIR 滤波器的过程中，当幅频特性逼近某一 S 的幅值特性时，在很大的长度范围内都有较好的逼近效果，但不同长度会导致相位逼近有很大的变化。FIR 滤波器的相位特性受长度影响很大，FIR 长度选择得不合适，会导致所设计的 FIR 滤波器幅频特性 $|H(j\omega)|$ 的通带与阻带与其对应已知的幅频特性通带与阻带严重不相合。因此，在选定合适的幅值特性与合适的长度范围内，以相位频率特性的最小均方误差准则寻找最佳 FIR 长度，以 $|S_{11}(j\omega)|$ 为例，确定实际信号检测与传输的频带范围，在该频带范围内定义误差函数为

$$e(j\omega) = \text{unwrap}\left\{\text{angle}\left[S_{11}(j\omega)\right]\right\} - \text{unwrap}\left\{\text{angle}\left[H(j\omega, N_h)\right]\right\} \quad (2\text{-}53)$$

计算误差函数 $e(j\omega)$，以最小均方误差为准则搜索到最佳长度 N_h。

以 5″钻杆为例，搜索逼近 S_{11} 的最佳 FIR 长度。由于周期性信道，单钻杆无缝声波模型具有对称性，S_{11} 和 S_{21} 具有相同的群迟延，只需要对 S 参数中的一个进行搜索，得到的最佳长度对 4 个参数都是最佳的。当 N_h 为 350~400 时，对于 5″钻杆的结构，设计 FIR 滤波器的幅值特性对 S_{21} 的幅频特性都有很好的逼近，FIR 在此长度范围进行相位最小均方误差值的搜索以取得最佳长度。仿真实验中搜索频带范围选定为 500~1000Hz，仿真结果如图 2-5 所示。可以看出，设计 FIR 滤波器的最佳长度为 379。分别计算 S_{11} 和 S_{21} 与其对应的 379 阶 FIR 滤波器的相位均方误差函数，仿真结果如图 2-6 所示。由于 S_{11} 和 S_{21} 在同一长度上达到最佳，所以两条相位均方误差曲线几乎重合。FIR 在最佳长度上，滤波器传递函数幅值与已知函数传输幅值，特别是在选定的频带范围内达到最佳重合，S_{21} 的幅值与相位的理论与设计的对比分别如图 2-7（a）和图 2-7（b）所示。仿真结果表明，在选定频率范围内，可以设计 FIR 滤波器模拟无缝传输的单钻具模型，从而为以硬件电路方式实现无缝传输的单钻具模型级联声波钻杆信道提供有效的方案。用 FIR 滤波器进行较宽频段的逼近时，逼近效果就会打折。频带越窄逼近效果越好。由理论分析可知，声波频率越高，越不利于声波沿钻杆长距离传输。

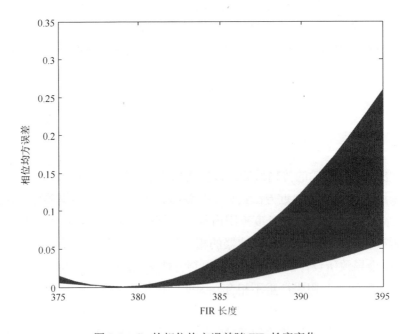

图 2-5 S_{21} 的相位均方误差随 FIR 长度变化

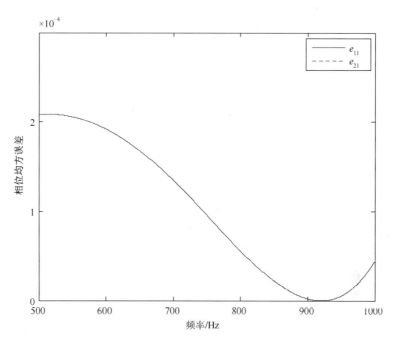

图 2-6　最佳长度（N_h=379）时相位均方误差函数频率特性

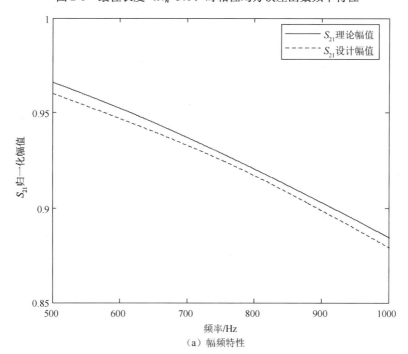

（a）幅频特性

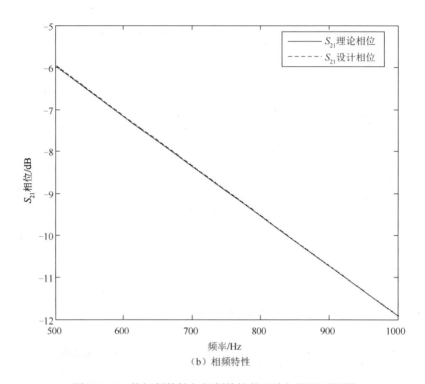

(b) 相频特性

图 2-7 S_{21} 的幅频特性与相频特性的理论与设计对比图

以 N 根 5″钻杆级联构成周期性结构为例说明钻杆级联仿真的效果,用已知理论模型的频谱特性和设计 FIR 数字滤波器的单位取样响应序列,各自分别计算一节钻杆的频谱特性、级联总的 T 参数和级联钻杆的传输系数的频率特性。图 2-8~图 2-10 分别是不同根数钻杆级联信道传输系数频率特性的仿真结果。图中理论 S 参数仿真曲线为实线,设计 FIR 数字滤波器仿真曲线为虚线。1 根钻杆时,全频段几乎都能很好地吻合;6 根钻杆级联时,不仅通阻带的频率段是吻合的,而且通带内表示声波所通过钻杆接头数的尖峰也能很好地吻合。当级联钻杆增加到 100 根时,通阻带的范围还是吻合得很好,但是通带的幅频特性和带内细节存在较大的误差。从信息传输的角度,只要通阻带频段拟合得很好,在通带内的波动相似情况下,可以通过研究在 FIR 滤波器模拟的声波钻杆通道的信息传输问题,探索实际声波钻杆信道的信道传输方法。

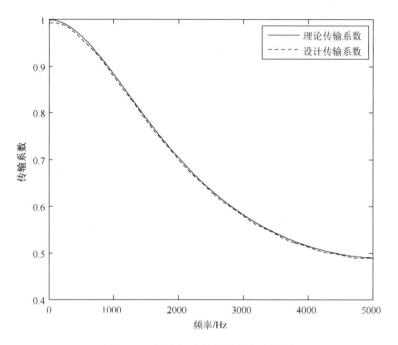

图 2-8　1 根钻杆传输系数的频率特性

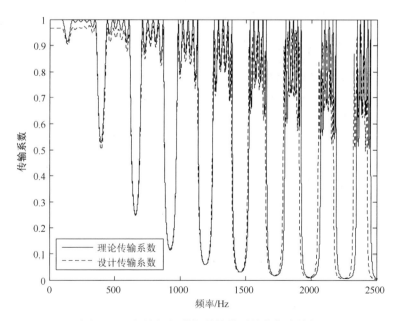

图 2-9　6 根钻杆级联信道传输系数的频率特性

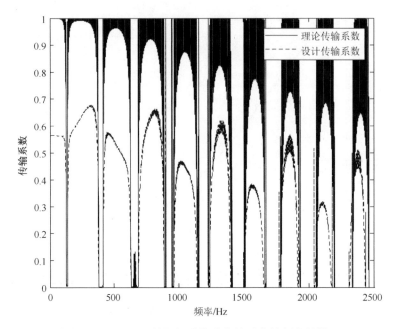

图 2-10 100 根钻杆级联信道传输系数的频率特性

实用中的钻杆即便制造规格是一致的，也会存在机械加工误差，每个钻杆的长度、外径与内径在加工过程中都允许存在 3%~4%的加工误差，这样实际钻杆不是完全一样的，存在随机误差。下面按照上述计算与设计过程，仿真当钻杆存在允许的长度和截面积随机误差时，声波传输系数的频率特性。假设随机误差满足高斯分布，均值为零，最大偏差为标准尺度的 4%。图 2-11 为 256 根实际钻杆信道声波传输系数的频率特性仿真结果，其中实线为 265 根随机钻杆级联后，声波经过约 2500m 长的钻杆后其理论声波传输系数的频率特性，可以看出在 1000Hz 以上基本没有可用通带。当钻杆随机相连，声波传输距离增加时，可用的传输通带越来越少，但在 1000Hz 以下仍可寻找到可用通带范围。FIR 滤波器设计只针对标准参数对应的模型逼近，没有考虑随机性，采用一致滤波器级联逼近这种实际的钻杆信道，如图 2-11 中虚线所示。可以看出频率通阻带吻合程度还是比较好的，但幅值特性相差较大。如果针对每个钻杆模型精确设计不同的 FIR 滤波器，然后再级联计算其声波传输系数特性，伴随计算量的显著增加，必将得到更高的模拟精度。

应用 FIR 滤波器模拟用无缝传输模型级联划分的声波钻杆信道，可以实现多样性仿真，对不同钻柱建立不同的信道模型，从而实现多种实验平台模拟，为声波沿钻柱的传输提供深入研究的平台。

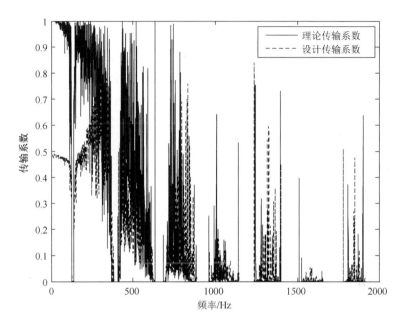

图 2-11　256 根实际钻杆信道声波传输系数的频率特性

2.4.4　突变截面非周期性信道模型的等效透声膜方法

井下声波传输信道可以表述为连接管结构的多路反射模型。井下声波遥测信道主要由钻杆接头连接组成管状结构。如果实际中从地面到井下钻柱都是由同一种规格的钻具组合而成，那么就可以构成周期性结构，在这种情况下研究声波传输通信相对比较容易。然而，在现实中，整个钻柱肯定是由不同规格的钻具组合而成，用来实现不同的功能，因此研究非周期性钻柱即研究不同钻具组合的排列顺序对信道特性的影响尤为重要。与周期性信道模型相同，其质子拉伸波波动方程为

$$\frac{\partial^2 U}{\partial z^2} = \frac{1}{c^2} \frac{\partial^2 U}{\partial t^2} \tag{2-54}$$

式中，U 为拉伸波的纵向位移；z 为轴向位置表示；t 为时间；$c^2 = E/\rho$，ρ 为质量密度；E 为杨氏模量。其声波纵波沿钻杆轴向 z 轴振动的位移方程的解为

$$U(z,t) = (u e^{j\gamma z} + v e^{-j\gamma z}) e^{j\omega t} \tag{2-55}$$

式中，u、v 分别表示前进位移幅值和反射位移幅值；$\gamma = \dfrac{2\pi f}{c} - j\alpha$，$c$ 为在介质

中的传播速度，α 为声波在钻具中的衰减系数；ω 为振动波频率。假设钻杆和接头的材料相同，都为均匀介质。

非周期性钻具组合模型见图 2-12，以两个钻杆之间的连接处作为一个单元进行研究，并设连接中点作为坐标原点，以钻柱轴向和径向分别建立 x 轴和 y 轴的直角坐标系，即图 2-12 中间方框为一个单元。假设钻杆圆柱杆左边长度为 L_1，右边为 L_2，左边钻杆圆柱杆的截面积为 A_1，左边接头的截面积为 A_2，右边钻杆圆柱杆的截面积为 A_1'，右边接头的截面积为 A_2'。左边接头长度为 l，由于接头长度相对于圆柱杆长很小，因此忽略接头长度的不同，假定右边接头长度也为 l。

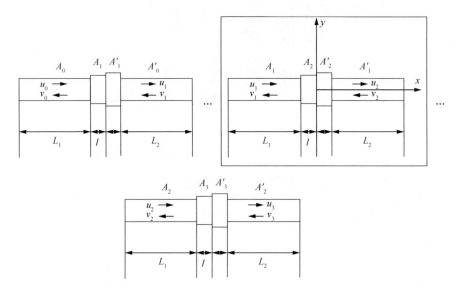

图 2-12 非周期性钻具组合模型

波动位移为

$$U = \left(u e^{j\gamma x} + v e^{-j\gamma x}\right) e^{j\omega t} \quad (2\text{-}56)$$

杆中波动应变为

$$\frac{\partial U}{\partial z} = jk \left(u e^{j\gamma z} - v e^{-j\gamma z}\right) e^{j\omega t} \quad (2\text{-}57)$$

在钻杆和接头连接处满足位移和应力连续的边界条件。位移连续 $U_i = U_m$ 和应力连续 $A_i \dfrac{\partial U_i}{\partial z} = A_m \dfrac{\partial U_m}{\partial z}$，其中 i 为 m 前面的钻杆段，A_i 为第 i 段接口处的截面积，A_m 第 m 段接头处的截面积。

在 $z=-l$ 处，有

$$\begin{cases} u_0\mathrm{e}^{-\mathrm{j}kl} + v_0\mathrm{e}^{\mathrm{j}kl} = u_1\mathrm{e}^{-\mathrm{j}kl} + v_1\mathrm{e}^{\mathrm{j}kl} \\ A_2(u_2\mathrm{e}^{\mathrm{j}kl} - v_2\mathrm{e}^{-\mathrm{j}kl}) = A_3(u_3\mathrm{e}^{\mathrm{j}kl} - v_3\mathrm{e}^{-\mathrm{j}kl}) \end{cases} \quad (2\text{-}58)$$

在 $z=0$ 处，有

$$\begin{cases} u_1 + v_1 = u_2 + v_2 \\ A_1(u_1 - v_1) = A_2(u_2 - v_2) \end{cases} \quad (2\text{-}59)$$

在 $z=l$ 处，有

$$\begin{cases} u_2\mathrm{e}^{\mathrm{j}kl} + v_2\mathrm{e}^{-\mathrm{j}kl} = u_3\mathrm{e}^{\mathrm{j}kl} + v_3\mathrm{e}^{-\mathrm{j}kl} \\ A_2(u_2\mathrm{e}^{\mathrm{j}kl} - v_2\mathrm{e}^{-\mathrm{j}kl}) = A_3(u_3\mathrm{e}^{\mathrm{j}kl} - v_3\mathrm{e}^{-\mathrm{j}kl}) \end{cases} \quad (2\text{-}60)$$

令末端无反射，$v_3=0$。共计 6 个方程，其中未知数有 7 个，定义 $R=\dfrac{v_0}{u_0}$，$T=\dfrac{u_3}{u_0}$，则有

$$R = \mathrm{e}^{-2\mathrm{j}\gamma(l_1+l_2)/2}\left(\frac{\mathrm{e}^{-2\mathrm{j}\gamma(l_1+l_2)}r_3 + r_1r_2r_3 + r_2\mathrm{e}^{-2\mathrm{j}\gamma l_1} + r_1}{\mathrm{e}^{-2\mathrm{j}\gamma(2l_1+l_2)}r_1r_3 + \mathrm{e}^{-2\mathrm{j}\gamma(l_1+l_2)}r_3 - r_1r_2\mathrm{e}^{-4\mathrm{j}\gamma l_1} + \mathrm{e}^{-2\mathrm{j}\gamma l_1}}\right) \quad (2\text{-}61)$$

$$T = \mathrm{e}^{-\mathrm{j}\gamma(l_1+l_2)/2}$$
$$\times \left(\frac{(\mathrm{e}^{-2\mathrm{j}\gamma(2l_1+l_2)}r_1 + \mathrm{e}^{-2\mathrm{j}\gamma(l_1+l_2)}r_2)(\mathrm{e}^{-2\mathrm{j}\gamma l_1}r_2 + r_1) - (\mathrm{e}^{-2\mathrm{j}\gamma(l_1+l_2)} + r_1^2\mathrm{e}^{-2\mathrm{j}\gamma l_2})(r_1r_2\mathrm{e}^{-4\mathrm{j}\gamma l_1} + \mathrm{e}^{-2\mathrm{j}\gamma l_1})}{2A_1(\mathrm{e}^{-2\mathrm{j}\gamma(2l_1+l_2)}r_1 + \mathrm{e}^{-2\mathrm{j}\gamma(l_1+l_2)})(A_2-A_3)\mathrm{e}^{-2\mathrm{j}\gamma(l_1+l_2)} - 2A_1(r_1r_2\mathrm{e}^{-4\mathrm{j}\gamma l_1} + \mathrm{e}^{-2\mathrm{j}\gamma l_1})(A_2+A_3)\mathrm{e}^{-2\mathrm{j}\gamma(l_1+l_2)}}\right)$$

$$(2\text{-}62)$$

式中，$r_1=\dfrac{A_1-A_0}{A_1+A_0}$；$r_2=\dfrac{A_2-A_1}{A_2+A_1}$；$r_3=\dfrac{A_3-A_2}{A_3+A_2}$；$A_0$ 为左边钻杆截面积；A_1 为左边接头截面积；A_2 为右边接头截面积；A_3 为右边钻杆截面积；$l_1=L_1+l$，L_1 为左边钻具中传播长度；$l_2=L_2+l$，L_2 为右边钻具长度；$\gamma=\dfrac{2\pi f}{c}-\mathrm{j}\alpha$，$c$ 为声波在介质中传播的速度，α 为声波在钻具中衰减系数。

后续分析计算与对称模型完全相同，单钻具不对称无缝传输模型的传输系数仿真结果如图 2-13 所示。模型左边是 4'钻杆，右边是 5'钻杆，连接处信道截面积变化较大，声波反射严重，信道传输特性幅值衰减增大，且随着频率的增加，衰减更为严重。图 2-14 所示结果的模型是 10 根钻杆连接，左边是 5 根 4'对称钻杆，右边是 5 根 5'对称钻杆，仿真计算时中间需要这节不对称模型连接，仿真中钻杆规格均一致。这部分内容进一步充实了单钻具声波无缝传输模型库内容，为更准确地对钻柱仿真打好基础。

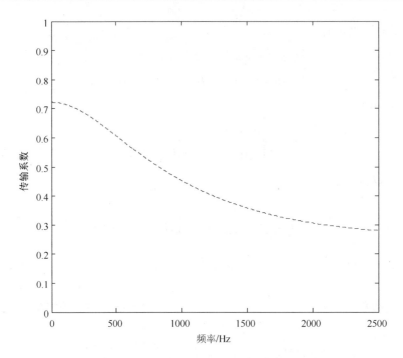

图 2-13　单钻具不对称无缝传输模型传输系数仿真结果

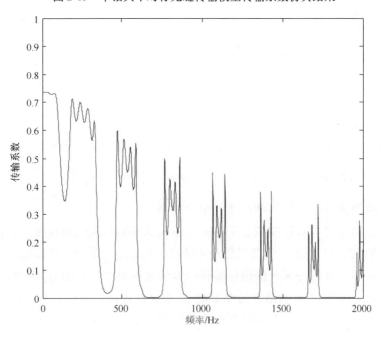

图 2-14　5 根 4'和 5'钻杆构成信道的传输系数仿真结果

2.5 声波沿钻柱传输渐变截面信道模型的建立

将钻杆的直段与接头等效为突变截面圆柱杆模型比较简单，波动方程的求解有标准的行波解，截面反射系数可以用截面面积给出，可以清楚地表达出等效透声膜抽象模型的"等效"二字，从而顺利地建立无缝声波传输模型。实际中的钻杆串结构相对要复杂一些，为了加强钻杆的强度，避免在两直圆柱杆连接处出现应力集中区，不会采用突变截面杆连接，而采用渐变截面圆柱杆或渐变截面杆与较短直圆柱杆组合方式进行连接，这样可以起到应力分散的作用，保证连接过渡段的强度。

本节考虑带有线性直圆锥过渡杆的连接形式，推导渐变截面过渡段的等效透声膜系数，为具有这种结构的钻具建立声波无缝传输的理论模型。

2.5.1 渐变截面杆的波动方程

图 2-15 为一段渐变截面杆波动模型，截面面积 $S=s(x)$，结构应力函数为 $\sigma(x)=E\dfrac{\partial \xi}{\partial x}$，$\mathrm{d}x$ 小段的应力增量为 $\dfrac{\partial \sigma}{\partial x}\mathrm{d}x$，质点振动位移 $\xi=\xi(x)$，根据牛顿定律可以写出动力学方程为[7]

$$\frac{\partial(S\sigma)}{\partial x}\mathrm{d}x = S\rho\frac{\partial^2 \xi}{\partial t^2}\mathrm{d}x \tag{2-63}$$

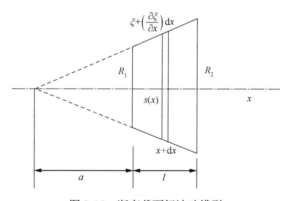

图 2-15 渐变截面杆波动模型

简谐振动情况下，式（2-63）可以写作

$$\frac{\partial^2 \xi}{\partial x^2}+\frac{1}{s}\frac{\partial s}{\partial x}\frac{\partial \xi}{\partial x}+k^2\xi=0 \tag{2-64}$$

式（2-64）即为渐变截面杆纵波振动方程。式中，k 为波数；$k=\omega/c$，ω 为圆频率，c 为纵波在杆中的传播速度。需要注意的是，截面面积 $s(x)$ 为位置坐标的函数，$\dfrac{\partial s}{\partial x}\neq 0$。

2.5.2 线性直圆锥杆波动解

图 2-15 所示直圆锥杆,其横截面积为

$$s(x)=\pi r^{2}(x)=\pi\left[\frac{R_{2}-R_{1}}{l}x+R_{1}\right]^{2}=\pi R_{1}^{2}(\alpha x+1)^{2} \quad (2\text{-}65)$$

$$\frac{\partial s(x)}{\partial x}=2\pi R_{1}^{2}(\alpha x+1)\alpha \quad (2\text{-}66)$$

代入式(2-64)得

$$\frac{\partial^{2}\xi}{\partial x^{2}}+\frac{2\alpha}{\alpha x+1}\frac{\partial\xi}{\partial x}+k^{2}\xi=0 \quad (2\text{-}67)$$

采用变量代换方法求解,令 $y=x+\alpha^{-1}$,式(2-67)可写成

$$\frac{\partial^{2}\xi}{\partial y^{2}}+\frac{2}{y}\frac{\partial\xi}{\partial y}+k^{2}\xi=0 \quad (2\text{-}68)$$

对式(2-68)采用复变函数代换,令 $z=y\xi$,其中 $\xi=\xi(y)$,将其代入式(2-68),方程可化简为

$$\frac{\mathrm{d}^{2}z}{\mathrm{d}y^{2}}+k^{2}z=0 \quad (2\text{-}69)$$

其通解为

$$z=u\mathrm{e}^{jky}+v\mathrm{e}^{-jky} \quad (2\text{-}70)$$

由此得到式(2-70)的通解为

$$\xi=\frac{1}{x+\alpha^{-1}}\left[u\mathrm{e}^{jk(x+\alpha^{-1})}+v\mathrm{e}^{-jk(x+\alpha^{-1})}\right] \quad (2\text{-}71)$$

如果圆锥体的大小头调换位置,则波动通解为

$$\xi=\frac{1}{x-\alpha^{-1}}\left[u\mathrm{e}^{jk(x-\alpha^{-1})}+v\mathrm{e}^{-jk(x-\alpha^{-1})}\right] \quad (2\text{-}72)$$

采用行波解的概念可以认为 $\frac{1}{x+\alpha^{-1}}u\mathrm{e}^{jk(x+\alpha^{-1})}$ 为右行波,$\frac{1}{x+\alpha^{-1}}v\mathrm{e}^{-jk(x+\alpha^{-1})}$ 为左行波。

2.5.3 带有圆锥过渡管的周期钻杆等效透声膜方法

1. 两段圆锥组合杆透声系数计算

图 2-16 给出了两段圆柱杆与两段圆锥杆组成的渐变截面声波传递通道,假设两段圆柱杆长度分别为 $a/2$,圆柱内半径为 r_0,外半径为 R_1,中间连接部位由两节空心圆锥体组成,圆锥体的长度为 l,锥体小端半径为 R_1,大端半径为 R_2。

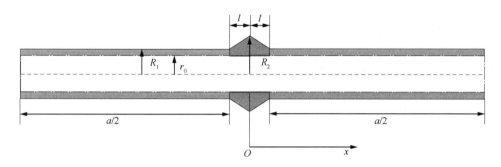

图 2-16 线性直圆锥组合渐变截面透声膜模型

结构中的波动位移解从左到右依次可以写作

$$\xi_0 = \left(u_0 e^{jkx} + v_0 e^{-jkx}\right) e^{j\omega t} \tag{2-73}$$

$$\xi_1 = \frac{1}{x+\alpha^{-1}}\left(u_1 e^{jk(x+\alpha^{-1})} + v_1 e^{-jk(x+\alpha^{-1})}\right) e^{j\omega t} \tag{2-74}$$

$$\xi_2 = \frac{1}{x-\alpha^{-1}}\left(u_2 e^{jk(x-\alpha^{-1})} + v_2 e^{-jk(x-\alpha^{-1})}\right) e^{j\omega t} \tag{2-75}$$

$$\xi_3 = u_3 e^{jkx} e^{j\omega t} \tag{2-76}$$

式中，α 为圆锥体系数，同时认定最右端圆柱杆结构中没有回波。

杆中波动应变为

$$\frac{\partial \xi_0}{\partial x} = jk\left(u_0 e^{jkx} - v_0 e^{-jkx}\right) e^{j\omega t} \tag{2-77}$$

$$\frac{\partial \xi_1}{\partial x} = \left[\frac{-1}{(x+\alpha^{-1})^2}\left(u_1 e^{jk(x+\alpha^{-1})} + v_1 e^{-jk(x+\alpha^{-1})}\right) + \frac{jk}{x+\alpha^{-1}}\left(u_1 e^{jk(x+\alpha^{-1})} - v_1 e^{-jk(x+\alpha^{-1})}\right)\right] e^{j\omega t} \tag{2-78}$$

$$\frac{\partial \xi_2}{\partial x} = \left[\frac{-1}{(x-\alpha^{-1})^2}\left(u_2 e^{jk(x-\alpha^{-1})} + v_2 e^{-jk(x-\alpha^{-1})}\right) + \frac{jk}{x-\alpha^{-1}}\left(u_2 e^{jk(x-\alpha^{-1})} - v_2 e^{-jk(x-\alpha^{-1})}\right)\right] e^{j\omega t} \tag{2-79}$$

$$\frac{\partial \xi_3}{\partial x} = jku_3 e^{jkx} e^{j\omega t} \tag{2-80}$$

根据波动方程解和截面连接处位移与应力连续边界条件，将 $x=-l$，$x=0$，

$x=l$ 代入边界条件,可得到 6 个方程,其中未知数有 7 个,因此类比突变截面圆柱杆声波传递计算方法,定义渐变截面组合杆的等效声波反射系数和透射系数。

化简并由等效声波反射系数和透射系数定义得

$$R = \frac{v_0}{u_0} = \frac{N}{M\beta^2} \tag{2-81}$$

$$T = \frac{u_3}{u_0} = \frac{2}{M\beta} \tag{2-82}$$

2. 两段圆锥与单根圆柱组合杆透声系数计算

如果在两段圆锥杆中间增加一段长度为 b 的圆柱杆,组成三段渐变截面组合杆,如图 2-17 所示,坐标原点取在中间圆柱杆的中心,与两段圆锥组合杆等效透声系数推导过程相同,各段杆中的声波位移解写作

$$\xi_0 = \left(u_0 e^{jks} + v_1 e^{-jkx}\right) e^{j\omega t} \tag{2-83}$$

$$\xi_1 = \frac{1}{x+\alpha^{-1}} \left(u_1 e^{jk(x+\alpha^{-1})} + v_1 e^{-jk(x+\alpha^{-1})}\right) e^{j\omega t} \tag{2-84}$$

$$\xi_2 = \left(u_2 e^{jkx} + v_2 e^{-jkc}\right) e^{j\omega t} \tag{2-85}$$

$$\xi_3 = \frac{1}{x-\alpha^{-1}} \left(u_3 e^{jk(x-\alpha^{-1})} + v_3 e^{-jk(x-\alpha^{-1})}\right) e^{j\omega t} \tag{2-86}$$

$$\xi_4 = u_4 e^{jkx} e^{j\omega t} \tag{2-87}$$

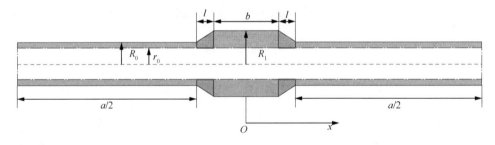

图 2-17 线性直圆锥与圆柱杆组合的渐变截面透声膜模型

类似前面的推导,在各杆分界面处满足位移与应力连续方程组,将 $x=-(l+b/2)$,$x=-b/2$,$x=b/2$,$x=b/2+l$ 代入边界条件,可得渐变截面组合杆的声波等效反射系数和透射系数分别为

$$R = \frac{v_0}{u_0} = \frac{S}{Q}\frac{1}{\beta^2} \tag{2-88}$$

$$T = \frac{u_4}{u_0} = \frac{2}{\beta Q} \tag{2-89}$$

2.5.4 渐变截面过渡管组合管串的声波传递

1. 圆锥组合管串的声波传输信道计算

通过前面的推导得出渐变截面接头组合下钻杆结构的声传播等效模型，现修改模型将其应用到多个钻杆串联的声波信道计算中。与突变结构类似，仍设透声膜左侧声波振动位移为 u_0、v_0，右侧声波振动位移为 u_1、v_1。如果 u_0、v_0 分别表示膜左侧 $L_n/2$ 远处声波的振动位移，u_1、v_1 分别表示膜右侧 $L_n/2$ 远处声波的振动位移时，在计算中需要计入声波相位变化。声波由左侧 $L_n/2$ 远处传播到膜上，振动位移相位变化 ϕ_0，由右侧 $L_n/2$ 远处传播到膜上，振动位移相位变化 ϕ_1，L_n 为钻杆的长度，l 为接头的长度。有

$$\begin{cases} u_1 = \phi_0 T_1 \phi_1 u_0 + \phi_1 R_1 \phi_1 v_1 \\ v_0 = \phi_1 T_1 \phi_0 v_1 + \phi_0 R_1 \phi_0 u_0 \end{cases} \tag{2-90}$$

考虑接头长度对相位的影响，钻杆的等效长度为 $L_n + l$，振动位移位置为 $(L_n + l)/2$，因此 ϕ_0、ϕ_1 分别表示声波振动在左侧和右侧传播时振动相位的变化。经过透声膜，传播到钻杆右侧时的位移传递关系为

$$\begin{cases} u_1 = \dfrac{T_1^2 - R_1^2}{T_1} \phi_0 \phi_1 u_0 + \dfrac{R_1}{T_1} \dfrac{\phi_1}{\phi_0} v_0 \\ v_1 = -\dfrac{R_1}{T_1} \dfrac{\phi_0}{\phi_1} u_0 + \dfrac{1}{\phi_1 T_1 \phi_0} v_0 \end{cases} \tag{2-91}$$

考虑多节钻杆串联模型，有

$$\begin{bmatrix} u_N \\ 0 \end{bmatrix} = \left(\prod_{n=1}^{N} \begin{bmatrix} \phi_n & 0 \\ 0 & \dfrac{1}{\phi_n} \end{bmatrix} \begin{bmatrix} \dfrac{T_n^2 - R_n^2}{T_n} & \dfrac{R_n}{T_n} \\ -\dfrac{R_n}{T_n} & \dfrac{1}{T_n} \end{bmatrix} \begin{bmatrix} \phi_{n-1} & 0 \\ 0 & \dfrac{1}{\phi_{n-1}} \end{bmatrix} \right) \begin{bmatrix} u_0 \\ v_0 \end{bmatrix} \tag{2-92}$$

根据等效反射系数和等效透射系数定义，式（2-92）可以写作

$$\begin{bmatrix} t_N \\ 0 \end{bmatrix} = \left(\prod_{n=1}^{N} \begin{bmatrix} \dfrac{T_n^2 - R_n^2}{T_n} \phi_n \phi_{n-1} & \dfrac{R_n \phi_n}{T_n \phi_{n-1}} \\ -\dfrac{R_n \phi_{n-1}}{T_n \phi_n} & \dfrac{1}{\phi_n T_n \phi_{n-1}} \end{bmatrix} \right) \begin{bmatrix} 1 \\ r_0 \end{bmatrix}$$

$$= \begin{bmatrix} M_{11} & M_{12} \\ M_{21} & M_{22} \end{bmatrix} \begin{bmatrix} 1 \\ r_0 \end{bmatrix} \tag{2-93}$$

传输系数可表示为

$$t_N = M_{11} - \dfrac{M_{12} M_{21}}{M_{22}} \tag{2-94}$$

计算如图 2-16 所示的圆锥渐变截面接头条件下，9 节钻杆串声波传输信道参数，如表 2-1 所示。

表 2-1　圆锥渐变截面钻杆串声波传输信道参数列表[13]

参数类型	L/m	$\rho/(kg/m^3)$	$c/(m/s)$	s/cm^2
直段	8.6868	7800	5131	25.0
连接头	0.4572/2	7800	5131	129.0

不同条件下声波信道传输系数特性的仿真结果如图 2-18～图 2-20 所示。图 2-19 为等长度圆锥接头与圆柱接头条件下，9 节钻杆串声波传输信道传输系数比较，其中浅色为圆锥接头钻杆串，深色为圆柱接头钻杆串。图 2-20 为两模型在 800～1300Hz 频段内声波传输系数比较。从图 2-18～图 2-20 可以得出如下结论。

渐变圆锥接头条件下，9 节钻杆串声波传输信道带有明显的通带与阻带相间的周期带隙效应，这种带隙与突变圆柱接头十分类似。

圆锥接头条件下声波传输通带要大于圆柱接头情况，特别在 1000～4000Hz 频率范围内，圆锥接头通带频率大于圆柱接头近 1 倍。

在带隙中通带频域内存在梳状滤波效应，如图 2-20 所示，即随着频率增加，声波传输系数出现高低起伏。

圆锥接头钻杆带通频率内，声波传输系数峰值点个数与圆柱接头钻杆一致，均为 9 个，等于钻杆数目。

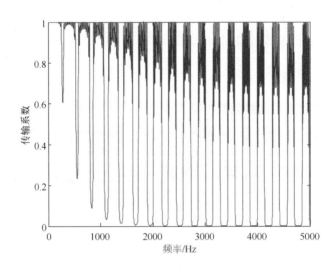

图 2-18　渐变圆锥接头 9 节钻杆串声波传输系数随频率的变化（L=0.4572/2）

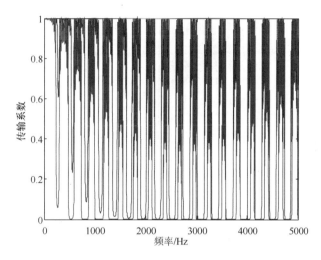

图 2-19 等长度圆锥接头与圆柱接头模型 9 节钻杆串声波传输系数随频率的变化（$L=0.4572/2$）

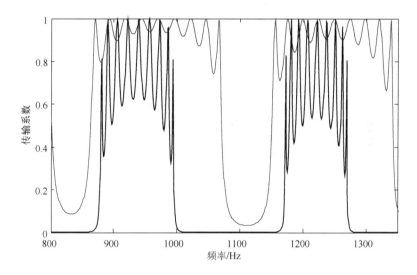

图 2-20 800～1300Hz 频段声波传输系数随频率的变化

改变圆锥接头长度，使得接头长度增加一倍，计算钻杆串声波传输系数，并与原圆柱接头钻杆情况进行比较，结果如图 2-21 和图 2-22 所示。图 2-21 为渐变圆锥接头 9 节钻杆串声波传输系数，图 2-22 将渐变圆锥接头与突变圆柱接头与钻杆串的声波传输系数进行比较，图 2-23 为两模型在 800～1300Hz 频段内声波传输系数的比较。从图 2-21～图 2-23 可以得出如下结论。

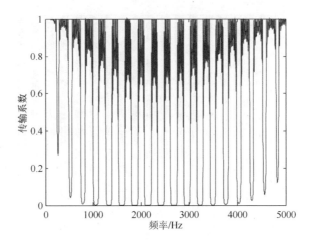

图 2-21　渐变圆锥接头 9 节钻杆串声波传输系数随频率的变化（$L=0.4572$）

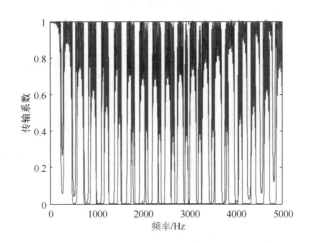

图 2-22　渐变圆锥接头与突变圆柱接头钻杆串声波传输系数随频率的变化（$L=0.4572$）

当圆锥接头长度增加一倍时，圆锥钻杆串声波传输信道与圆柱钻杆串情况十分接近，两端传输系数高，中间传输系数低。

在 0～5000Hz 频率范围内，圆锥钻杆串带通频段出现 19 个，仅比圆柱钻杆串多出一个。圆锥钻杆串带通频率有向低频压缩趋势，选取合适的接头长度，必然能得到与圆柱接头模型相同的带通频率，如图 2-22 所示。

在 800～1300Hz 频段观察，圆锥钻杆通带内仍然有 9 个传输系数峰值点，说明接头长度的变化并不影响通带峰值个数，与圆柱接头情况完全一致。

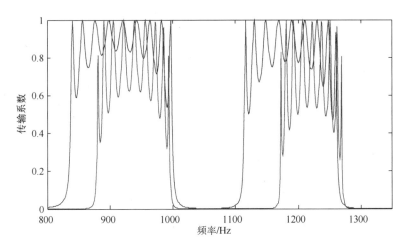

图 2-23　800～1300Hz 频段声波传输系数随频率的变化

2. 圆锥与圆柱组合钻杆串的声波传输信道计算

对于图 2-17 所示的接头模型，采用相同透声膜模型，可计算其声波传输信道，具体各段几何参数如表 2-2 所示，圆锥形过渡段长度为 0.2286m，圆柱接头长度为 0.4572，为圆锥段的 2 倍，中间钻杆长度为 8.6868m，钻杆横截面积为 25cm^2，圆柱接头横截面积为 129cm^2。

表 2-2　圆锥与圆柱组合接头钻杆串声波传输信道参数列表[13,14]

参数类型	L/m	ρ/(kg/m^3)	c/(m/s)	s/cm^2
直段	8.6868	7800	5131	25.0
渐变接头	0.2286	7800	5131	129.0
突变接头	0.4572	7800	5131	129.0

图 2-24 给出 9 节相同钻杆串声波传输系数随频率的变化。

与单圆锥过渡接头类似，声波在圆锥与圆柱组合接头上也存在梳状滤波效应，只是在整个计算频域内，变化周期要小于圆锥接头钻杆串。

在 800～1300Hz 频率范围内，圆锥与圆柱组合接头的透射声波通带频率宽度要大于单圆柱突变接头情况，随着接头长度增加，透射频率宽度也增加。

一个通带内，也存在 9 个传输系数峰值点，这与圆柱突变接头钻杆串情况一致，说明通带内传输系数峰值频率个数只与接头数目有关，而与接头形式无关。

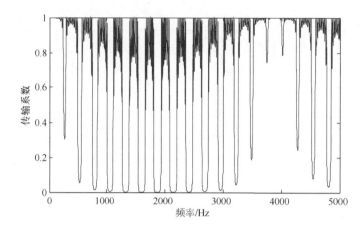

图 2-24 9 节相同钻杆串声波传输系数随频率的变化（L=0.4572/2）

3. 小圆锥过渡段对钻杆串声波传输信道的影响

为了考察圆柱接头两端的圆锥过渡段对整个钻杆串透声性能的影响，选用一些不同长度的圆锥过渡段情况分别进行计算对比，通过圆锥过渡段长度的变化，分析圆锥过渡段对钻杆串声波传输的影响。

首先比较图 2-25（a）～（c），圆锥过渡段长度分别由 0.4572m 变为 0.4572/5m 和 0.4572/10m，发现如下结论。

（1）随着圆锥过渡段长度的减小，钻杆串传输系数频率周期变大，一个周期内，频率通带个数在增加，由原来的 12 个通带增加到 17 个、18 个，增加幅度与圆锥长度变化量有关，变化量大，则增加个数越多。

（2）单个频率通带内，传输系数峰值点个数保持为 9 个不变，与钻杆串接头个数一致。

图 2-25（d）和图 2-25（e）为圆锥过渡段长度减小到原来的 1/50 和 1/99 的情况下，钻杆串的声波传输系数曲线，比较得出以下结论。

（1）横坐标频率上的频率传输通带带宽未发生明显变化，此时长度改变相对较小，对频率带宽的影响有限。

（2）纵坐标上传输系数幅值发生较大变化，基本保持在 0.8 和 0.9 以上，这种高传输系数与事实不符，其原因在于圆锥过渡段的形状因子 α，当 $L \to 0$ 时，$\alpha \to \infty$，在数值计算时易出现数据溢出的情况，计算结果存在异常[15]。

总体来讲，圆锥过渡可以增加接头有效长度，达到改善周期带宽作用，同时可以调节通带内频率宽度和频率点位置，其作用与突变截面圆柱接头相类似。

第 2 章 随钻声波传输信道特性及其模型的建立

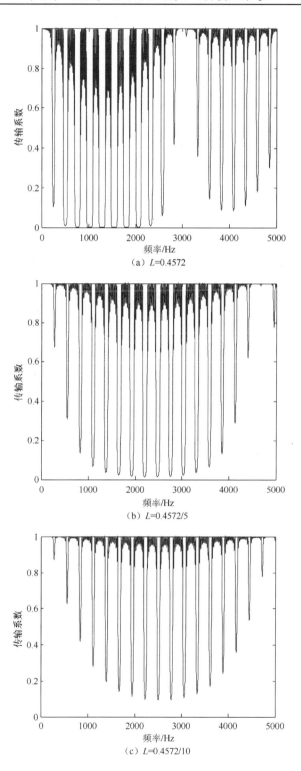

(a) $L=0.4572$

(b) $L=0.4572/5$

(c) $L=0.4572/10$

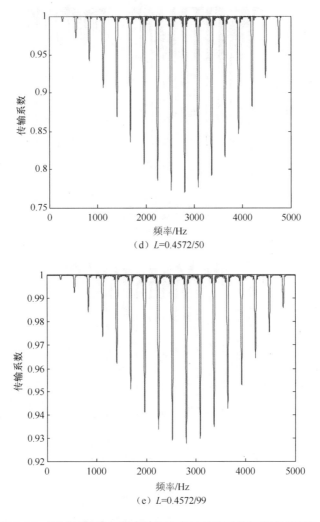

(d) $L=0.4572/50$

(e) $L=0.4572/99$

图 2-25 不同圆锥接头长度钻杆串声波传输系数随频率的变化

2.5.5 渐变圆锥截面过渡杆的数值仿真分析

1. 渐变圆锥过渡杆有限元模型

为验证前面公式推导的正确性，采用相同尺度的钻杆串几何模型，建立 9 节钻杆串振动传递有限元模型，如图 2-26 所示。接头采用圆锥过渡杆，单圆锥长度为 0.2286m，钻杆长度为 8.6868m，材料及截面几何参数如表 2-1 所示。单元格大小为 0.01m，在钻杆首端施加 1N 的简谐激励力，提取钻杆末端振动速度响应，数值计算钻杆串的振动传递响应。

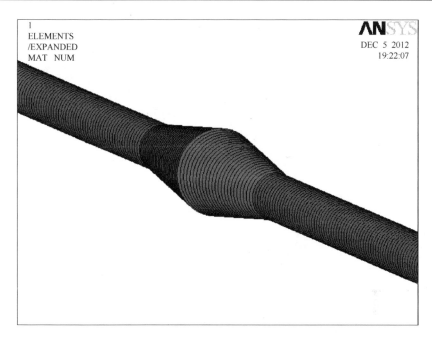

图 2-26　带圆锥过渡杆的钻杆串有限元模型

2. 圆锥组合钻杆串谐响应分析

图 2-27 所示为单根接头两节钻杆组成钻杆串的振动传递导纳响应曲线,从中可以看出：输出端振动响应存在左高右低现象,即低频段振动响应较高,而高频率段振动响应较低,且计算频域内存在带隙效应。

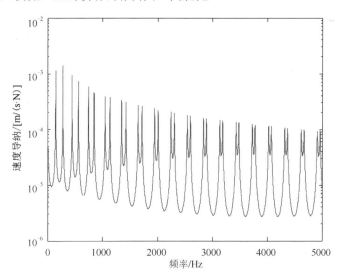

图 2-27　单根接头钻杆串振动传递导纳响应曲线

图 2-28 为 9 节钻杆串振动传递导纳响应曲线，单根接头振动传递特性在 9 节钻杆串中表现得更明显，且频率带隙效应比较凸出，低频段带通频率较宽，高频段带通频率较窄。声波传输系数曲线如图 2-29 所示，与结构振动传递导纳响应曲线比较一致，其传输系数随频率变化趋势与振动导纳相同，低频较大，高频较小，带通频率位置略有差别，这与模型简化有关，但反映出钻杆串对振动传递特性相同，这也说明圆锥接头钻杆串声波传输特性的计算是正确的。

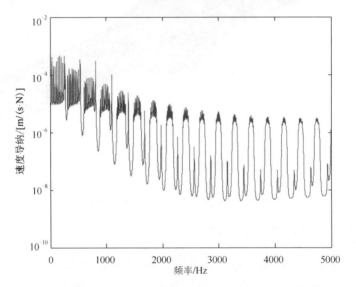

图 2-28　9 节钻杆串振动传递导纳响应曲线

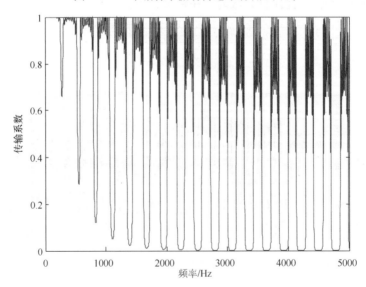

图 2-29　9 节钻杆串声波传输系数曲线

3. 圆锥与圆柱组合接头钻杆串谐响应分析

同样建立圆锥与圆柱组合接头的 9 节钻杆串有限元模型，几何尺寸如表 2-2 所示，单元格大小为 0.01m，如图 2-30 所示。在钻杆串首端施加 1N 的简谐激励作用力，提取钻杆串末端截面的振动速度响应，计算结构对振动的传递特性。

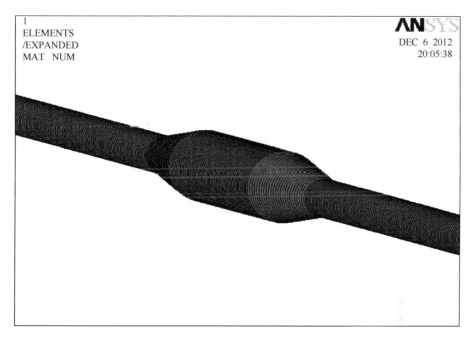

图 2-30　圆锥与圆柱接头的 9 节钻杆串有限元模型

图 2-31 给出单根接头钻杆串振动传递导纳曲线，从图中看出结构在 4000Hz 附近存在振动响应增大频率，整个频带内振动响应存在带隙效应，这与单根圆锥接头情况完全类似。图 2-32 给出 9 节接头钻杆串振动传递导纳曲线，可以发现：低频段钻杆串振动传递导纳依旧较大，4000Hz 附近存在明显振动传递导纳增大频段。与本书计算结果相比，声波传输系数曲线变化情况如图 2-33 所示，其与振动传递导纳基本一致，在一个周期频率域内，两者具有相同的频率带通个数，系数大小变化也同振动速度响应变化一致，从而也可以证明本书推导过程的正确性。

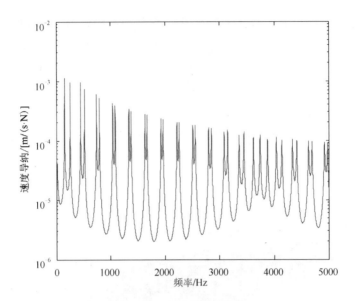

图 2-31 单根接头钻杆串振动传递导纳曲线

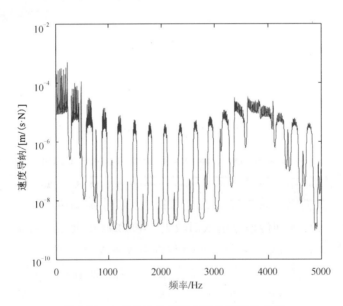

图 2-32 9 节接头钻杆串振动传递导纳曲线

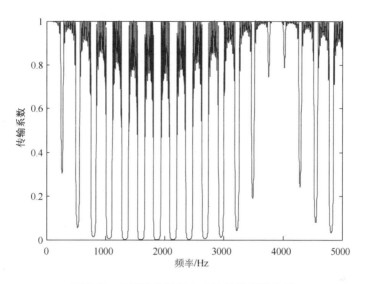

图 2-33 9 节接头钻杆串声波传输系数曲线

4. 理想透声膜模型的局限性

通过以上有限元法的计算对比验证了本书数学推导的正确性，由此也暴露出透声膜简化计算模型的局限性。针对单根接头钻杆计算，如图 2-34 和图 2-35 所示，不管是单圆锥接头还是圆锥与圆柱组合接头，当钻杆串数目为 1 时，其透声系数曲线变化比较单一，无法反映出结构对声波传输的带隙效应，这点与振动传递导纳曲线不同，可以认为这是由于数学模型简化而导致的计算错误。

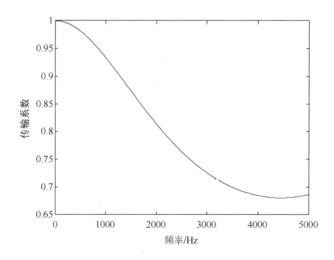

图 2-34 单根圆锥接头声波传输系数曲线

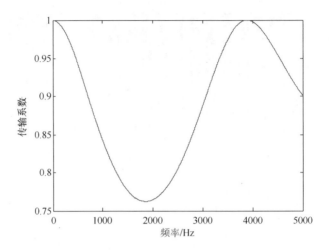

图 2-35　单根圆锥与圆柱接头声波传输系数曲线

  针对钻杆在复杂接头条件下，给出钻杆串声波传输特性的等效透声膜模型，并给出圆锥接头钻杆串和圆锥与圆柱组合接头钻杆串的透声反射和传输系数表达式，通过有限元数值仿真验证了上述推导结果的正确性。通过 9 节钻杆串的计算对比，发现圆锥过渡段在声波透射上起到了与圆柱过渡段类似的作用。数值计算也指出，透声膜简化模型的计算存在一定的数据溢出和模型局限性。

参 考 文 献

[1] PARSONS J D. The mobile radio propagation channel[M]. 2nd ed. New York: John Wiley & Sons, 2000.

[2] DRUMHELLER D S. Attenuation of sound waves in drill strings[J]. Journal of the acoustical society of America, 1993, 94(4): 2387-2396.

[3] 李成, 丁天怀. 不连续边界因素对周期管结构声传输特性的影响[J]. 振动与冲击, 2006, 25(3): 172-175.

[4] LEE H Y. Drill string axial vibration and wave propagation in borehole[D]. Boston: MIT, Ph. D. Thesis. 1991.

[5] HAMMOND B T, SHAW J D, TEALE D W. Acoustical telemetry[P]. US: 7013989, 2006-3-21.

[6] CARCIONE J M, POLETTO F. Simulation of stress waves in attenuating drill strings, including piezoelectric sources and sensors[J]. Journal of the acoustical society of America, 2000, 108(1): 53-64.

[7] 梁昆淼. 数学物理方法[M]. 北京: 高等教育出版社, 2010.

[8] 梁昌洪, 谢拥军, 官伯然. 简明微波[M]. 北京: 高等教育出版社, 2006.

[9] 白雅. 有限长均匀截面声波导管的等效 T 型网络研究[J]. 南阳师范学院学报, 2005, 4(3): 28-30.

[10] LOUS N J C, RIENSTR S W, ADAN I J B F. Sound transmission through a periodic cascade with application to drill pipes[J]. Journal of the acoustical society of America, 1998, 103(5): 2302-2311.

[11] DRUMHELLER D S. Acoustic properties of drill strings[J]. Journal of the acoustical society of America, 1989, 85(3): 1048-1064.

[12] 尚海燕, 周静, 燕并男. 声波钻杆信道及信息传输仿真研究[J]. 测井技术, 2015, 3(2): 165-170.

[13] 法国石油研究院. 钻井数据手册[M]. 6版. 王子源, 等, 译. 北京: 地质出版社, 1995.

[14] 全国石油天然气标准化管理委员会. 石油天然气工业套管、油管、钻杆和用作套管或油管的管线管性能公式及计算: GB/T 20657—2011[S]. 北京: 中国标准出版社, 2012:6.

[15] 张峰. 声波透声膜理论在钻杆模型中的应用[R]. 井下测控技术实验室交流报告. 西安, 2011.

第3章 钻柱信道声波传输特性研究

3.1 引　　言

钻柱是一个很复杂的介质空间，随钻环境下声波传输系统受到很多因素的限制。声波传输信道由钻具组合而成，信道传输函数的频率特性最明显的特征是梳状通带与阻带交替，传输特性与钻柱结构、物理特性与钻具组合状态都有很大的关系。信号在钻柱中传播会衰减，衰减幅度根据材料的不同而不同，井下信号传到地面衰减，而地面的声波噪声和干扰都很强，严重限制信号的高速传输和正确恢复。在声波传输系统中，传输信号码间干扰也是不可忽视的限制因素[1,2]。钻杆间的连接头处有强反射信号的特点，因此声波沿钻柱传输必然存在多径现象，引起码间干扰，从而严重影响信号传输和正确恢复。随钻环境中，不同硬度的钻井壁也会影响声信号沿钻柱传输。

井下声波传输通信是以声波作为信号载体、以钻柱作为信息传输信道进行井下信息无线传输的。声遥测响应特性不仅与钻杆自身的管状结构有关，还受到很多因素的限制。一般声波信号在沿钻柱系统传输时深度每增加 1000ft，声波信号衰减 4～7dB[3]，因此需要分别研究分析这些影响因素。

本章在建立周期及非周期性信道模型的基础上，对声信号传输信号展开研究，分别研究钻杆外形尺寸、不同钻具组合等相关因素对声波信号特性的影响。研究各种参数对声波性能的影响时，各种影响因素只做单一变量控制，分析该参数对声波信道特性的影响。书中假设钻具为均匀介质，声波传播速度 c=5130m/s，传输衰减系数 α=20dB/km[4,5]。

3.2 钻杆外形尺寸对声波传输信道特性的影响

3.2.1 钻柱长度对信道的影响

利用突变截面周期性信道模型，假设一端为起始输入端，发射单位脉冲信号，另一端为末端，且末端无反射。本小节研究钻柱长度，即连接钻杆个数对频带的影响，选取 5in*（公称直径 Φ127mm）钻杆连接，钻杆和接头参数见表 3-1，整个钻柱是由同一规格的钻杆连接而成。将 4 根、15 根、50 根 5in 钻杆相连，总长度

---

* 1英寸（in）=2.54厘米（cm）。

分别约为 40m、150m 和 500m，钻杆相同，连接处的截面积变化也相同。分析钻柱长度对信道特性的影响，其信道声波传输系数的频率特性见图 3-1。

表 3-1 5in 钻杆结构参数[6]

参数	值
接头长度/m	0.6
钻杆管体截面积/m²	0.0034
接头截面积/m²	0.0135
钻杆管体长度/m	8.5

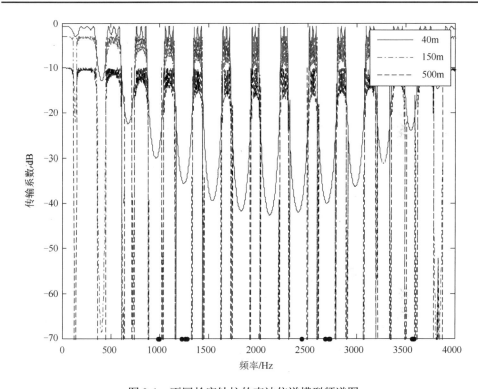

图 3-1 不同长度钻柱的声波信道模型频谱图

图 3-1 中，实线为 40m 长钻柱的声波传输信道特性，点画线为 150m 长钻柱的声波传输信道特性，虚线为 500m 长钻柱的声波传输信道特性。由图可知，三种曲线通阻带对应的频带范围没有大的变化，即钻柱长度对通阻带的影响不大，通带依旧是通带，阻带依旧是阻带，但三种曲线的衰减幅度明显不同，即连接钻杆越多，钻柱越长，其衰减越严重。

3.2.2 钻杆横截面积对信道的影响

用突变截面周期性钻杆等效传输模型，研究不同截面积对声波传输信道特性的影响。根据《中华人民共和国石油天然气行业标准》及钻井数据手册等相关资料，本小节选择四种不同钻杆，研究其不同截面积下对声波传输特性的影响，分别是 4in（Φ101.6mm）、4 1/2in（Φ114.3mm）、5in（Φ127mm）和 5 1/2in（Φ139.7mm）结构，具体尺寸见表 3-2。为了控制单一变量，都选取 10 根钻杆级联，即长度相同，参照上述四种钻杆的结构参数规格进行信道模型特性分析，研究不同的钻杆截面积对声波传输的影响。

表 3-2 4in、4 1/2in、5in 和 5 1/2in 钻杆结构参数[6]

参数	4in 钻杆	4 1/2in 钻杆	5in 钻杆	5 1/2in 钻杆
接头长度/m	0.43	0.43	0.43	0.43
钻杆管体截面积/m^2	0.0020	0.0023	0.0035	0.0038
接头截面积/m^2	0.0129	0.0135	0.0135	0.0168
钻杆管体长度/m	8.7	9	9.1	9.1

仿真得到的结果如图 3-2 所示，图中不同线型分别代表不同截面积的钻杆级联声波传输信道特性。由图可以看出，通阻频带略有变化，但变化不大。5in 钻杆通带最宽，其次是 5 1/2in，再次是 4 1/2in，最后是 4in 钻杆。

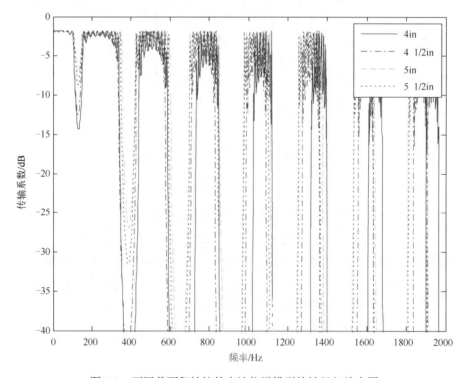

图 3-2 不同截面积钻柱的声波信道模型特性局部放大图

3.3 钻杆误差对信道的影响

声波传输信号模型 3.2 节，由于钻杆尺寸都存在一定的机械加工误差，下面研究不同的机械误差对声波信道特性的影响。研究钻柱由 10 根钻具（参数见表 3-3）组合成，对比钻柱机械误差为±2%和±4%的信道特性，其声波传输特性频谱图见图 3-3。

表 3-3 信道模型参数

参数	值
接头长度 l / m	0.61
钻杆长度 L / m	8.53
面积比 r	0.5

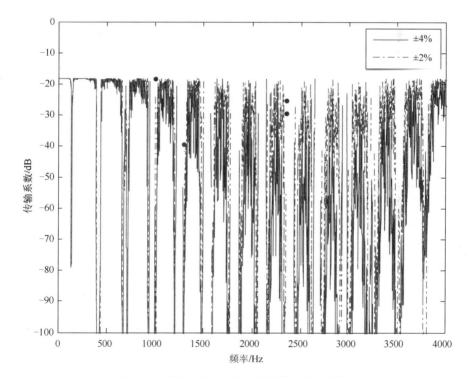

图 3-3 不同机械误差声波信道模型的频谱特性

从图 3-3 可以看出，相同规格钻杆的机械误差对信道的通阻带对应频点影响不大，但对通带幅值的影响严重，通带幅值随着机械加工误差的增加而衰减严重。因此，为了保证声波能在通带内长距离良好传输，同规格不同钻具的机械加工误差越小越好。

3.4 不同钻具组合对声波信道的影响

利用钻柱作为声波信道实现地面与井下之间的信息传输,钻柱本身是由多种不同钻具组成的信道。下面研究利用突变截面非周期性钻柱信道模型的等效透声膜法,对 8 根不同长度的钻杆组合和不同截面积的钻杆组合的声波传播特性进行研究分析。非周期性钻柱,结构和物理参数差异的增大,会引起钻柱信道频域特性发生变化。为了保证声波有效传输,考虑井场声波噪声集中在 400Hz 以下,而 2000Hz 的高频信号在长距离传输中又衰减严重[7],因此选择调制信号频率为 400~2000Hz,研究声波沿非周期性钻柱的传输特性。

3.4.1 不同钻杆长度组合的信道特性

钻柱信道由 8 根非对称的钻杆组合而成,其钻杆参数见表 3-4。8 根钻杆长度从 8.4m 到 9.8m,逐根间隔 0.2m。8 根钻杆排列顺序分别按长度依次增加、依次减少、先增后减、先减后增、增减间隔组合,见图 3-4。利用建立的非周期性信道模型数值进行求解,得到不同组合的频谱特性,见图 3-5。

表 3-4 信道模型钻杆参数

参数	值
接头长度/m	0.2159
钻杆截面积/m²	0.0135
接头截面积/m²	0.0034
钻杆长度/m	8.4, 8.6, 8.8, 9.0, 9.2, 9.4, 9.6, 9.8

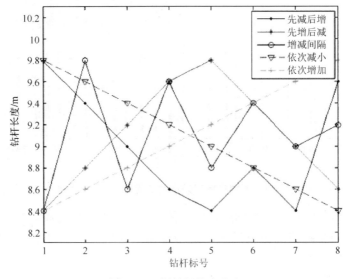

图 3-4 8 根钻杆长度分布

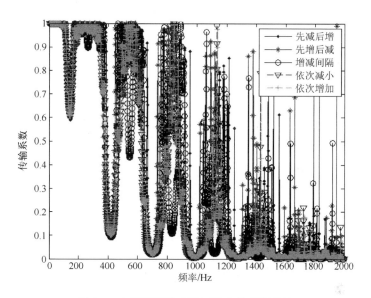

图 3-5 8 根不同长度钻杆组合的频谱特性

从图 3-5 可见，增减间隔的组合在每个通带中间都会衰减；依次增加和依次减小的信道特征基本相同，频率大于 700Hz，依次增加的钻杆组合和依次减小的钻杆组合的幅值明显低于其他组合；先增后减和先减后增的信道幅频特性基本相同，而且相对其他组合其幅值和带宽特性较好；在 1000Hz 以下的低频，先减后增钻杆组合的信道特性幅值略高于先增后减钻杆组合；高于 1000Hz 的频率，先增后减钻杆组合的信道特性幅值略高于先减后增钻杆组合。整体上，先增后减组合和先减后增组合特性优于其他钻杆组合，这是因为钻杆组合中心对称，则从开始到结束相位变化就相对平缓。这种对称钻杆组合，钻柱开始和结尾的阻抗是匹配的，而且两边都经历相同的相位变化，这就使得钻柱输入输出相互匹配。

定义归一化的通带信道接收能量 E_n 为[5]

$$E_n = \overline{\sum_i |t_N(f_i)|^2} = \frac{\Delta \sum_i |t_N(f_i)|^2}{\Delta \sum_i L_i^2} \tag{3-1}$$

式中，i 表示通带的宽度，即通带结束频率与开始频率之差；t_N 表示归一化的传输系数。第一和第二通带低于 400Hz，因实际中噪声干扰过强，一般不予选用。选择研究第三、第四、第五和第六通带内，频率为 400～1600Hz 的通带特性。选择 1 通带频率 400～700Hz，2 通带频率 700～1000Hz，3 通带频率 1000～1300Hz，4 通带频率 1300～1600Hz。通过计算得到通带信道接收能量，见图 3-6。

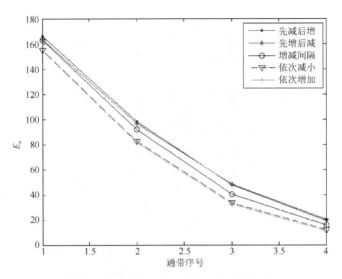

图 3-6 通频带内归一化接收的能量比较

从图 3-6 可知，先增后减组合和先减后增钻具组合信道特性基本相同，在通带 1 和通带 2 两个点，即 400~1000Hz，先减后增组合钻具的归一化接收能量略高于先增后减组合。与其他钻具组合比较，先减后增组合和先增后减组合具有更大的归一化接收能量，表明其传输性能略优。依次减小组合和依次增加组合信道表现基本相同，次于其他组合的信道特性。增减间隔组合信道的归一化接收能量特性处于中间状态。

钻杆长度组合排列方式对信道特性产生较大影响，不同钻杆长度的组合会有不同的通带幅度，先增后减和先减后增的钻具组合信道特性优于其他钻具组合。

3.4.2 不同钻杆截面积组合的信道特性

研究钻具之间的不同截面积组合对信道特性的影响。钻柱信道由 8 根非周期性钻具组合而成，钻具参数见表 3-5。8 根钻杆的截面积从 $0.0028m^2$ 到 $0.0052m^2$，逐根间隔 $0.0004m^2$，对应接头截面积从 $0.0128m^2$ 到 $0.0152m^2$，逐根间隔 $0.0004m^2$。8 根钻具排列顺序分别按钻具截面积依次增加、依次减少、先增后减、先减后增、增减间隔进行组合，如图 3-7 所示。利用非周期信道模型进行数值求解，得到不同钻杆组合的频谱特性见图 3-8。

表 3-5 信道模型钻杆参数

参数	值
接头长度/m	0.2159
钻杆截面积/m^2	0.0028~0.0052，逐根间隔 0.0004
接头截面积/m^2	0.0128~0.0152，逐根间隔 0.0004
钻杆长度/m	9.1

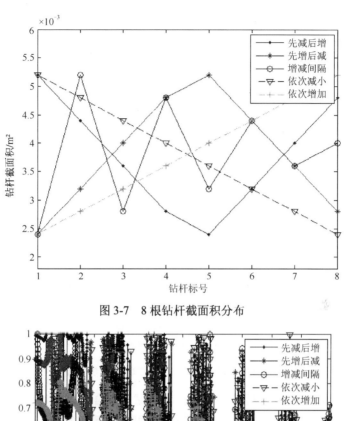

图 3-7　8 根钻杆截面积分布

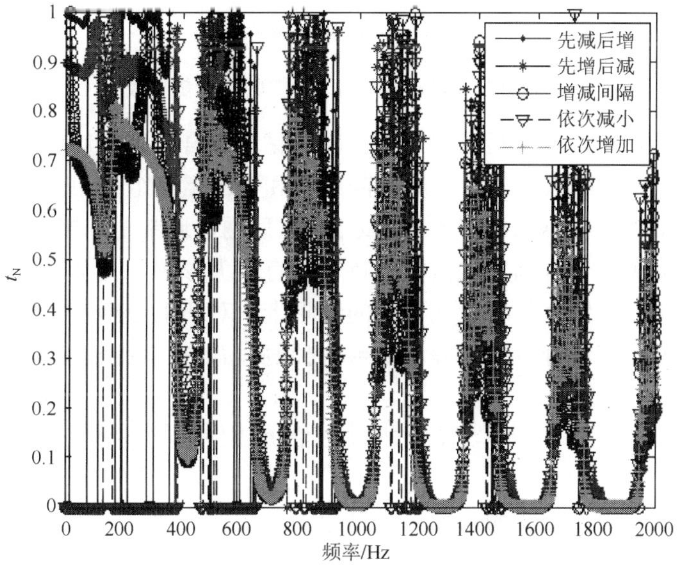

图 3-8　8 根不同截面积钻具组合的频谱特性

从图 3-8 可见，当频率低于 700Hz，依次减小组合几乎没有通带，而先减后增组合通带幅度较好；当频率高于 700Hz，依次减小组合和先减后增组合的信道特性相似。当频率低于 400Hz，增减间隔组合的信道特性有很大变化。当频率高于 400Hz，依次增加组合和增减间隔组合信道特性相似，且整体幅值比先减后增组合和依次减小组合低。当频率低于 400Hz，先减后增组合信道特性与先增后减组合信道特性相似。当频率高于 400Hz,先减后增组合信道特性与依次增加组合信道特性相似。选择 1 通带频率 400~700Hz,2 通带频率 700~1000Hz,3 通带频率 1000~1300Hz,4 通带频率 1300~1600Hz,归一化的通带信道接收能量,如图 3-9 所示。

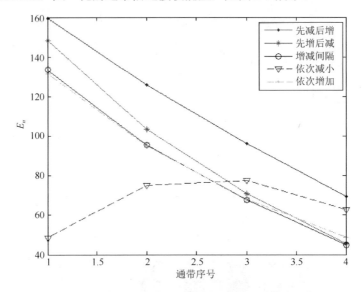

图 3-9 通频带内归一化接收的能量比较

从图 3-9 可知,先减后增组合优于其他钻具组合;先增后减组合介于先减后增组合和依次增加组合之间;增减间隔组合和依次增加组合相似;依次减小组合在前两个通带,即 400~1000Hz,能量很低,后两个通带上升接近先减后增组合。

钻杆截面积组合排列方式对信道特性也有较大影响,甚至不同截面积的组合会在一个频带中心频率附近出现不同的通阻带,对通阻带幅度有很大的影响。对于不同钻杆截面积组合对信道特性影响,先减后增的钻具组合优于其他钻具组合。

3.5 典型钻井钻具组合声信号信道特性

在实际应用中,真实的钻柱组成是由为了达到某种目的的典型钻具组合的。如常见的为了实现增斜、稳斜和降斜的塔式钻具组合、满眼钻具组合以及钟摆钻具组合[8]。本书利用钻柱数值模型,构建典型钻具声波传输信道,仿真典型钻具组合的声波信道特性。

为了简化信道,假设钻柱由 50 根 5in 钻杆级联而成,声波的衰减和钻具在加工时的机械误差均忽略未计。下面分别将上述塔式钻具组合、钟摆钻具组合和满眼钻具组合与这 50 根 5in 钻杆级联连接,分别分析所建信道模型的数值解。50 根 5in 钻杆连接信道特性如图 3-10 所示。

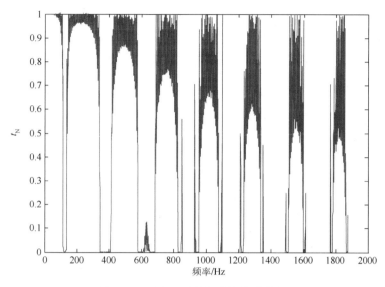

图 3-10　50 根 5in 钻杆连接信道特性

3.5.1　塔式钻具组合

塔式钻具组合基于静力学防斜打直技术，利用倾斜井眼中钻头与切点之间的钻铤重力横向分力，迫使钻头趋向井眼低边降斜钻进，以达到纠斜和防斜的效果[9]。简易塔式钻具结构示意图如图 3-11 所示。

图 3-11　简易塔式钻具结构示意图

根据建立的数值信道模型，研究不同规格塔式钻具组合对声波信道的影响，参数见表 3-6。其中，组合 2 只改变了组合 1 中第一段和第三段钻铤的长度，组合 3 只改变了组合 1 第二段钻铤的长度，组合 4 改变了三段钻铤的截面积，分别分析塔式钻具不同规格对钻柱声波信道特性的影响。

表 3-6　塔式钻具组合计算基本参数[6]

组合	第一段钻铤		第二段钻铤		第三段钻铤	
	D_1/mm	L_1/m	D_2/mm	L_2/m	D_3/mm	L_3/m
1	254.0	27.2	228.6	54.9	203.2	54.5
2	254.0	54.4	228.6	54.9	203.2	81.8
3	254.0	27.2	228.6	83	203.2	54.5
4	228.6	27.2	203.2	54.9	165	54.5

根据不同钻具组合规格得到塔式钻具组合 1 声波信道特性如图 3-12(a)所示；塔式钻具组合 1 连接 50 根钻杆的长钻柱声波信道特性见图 3-12（b）。塔式钻具组合 2 声波信道特性见图 3-13（a）；塔式钻具组合 2 连接 50 根钻杆的长钻柱声波信

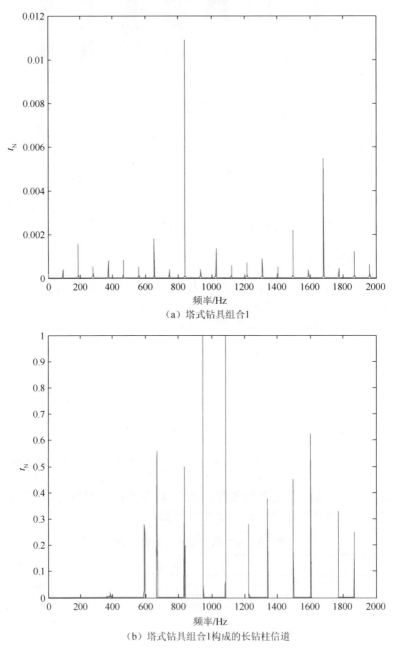

（a）塔式钻具组合1

（b）塔式钻具组合1构成的长钻柱信道

图 3-12　塔式钻具组合 1 及其构成的长钻柱声波信道特性

道特性见图 3-13（b）。塔式钻具组合 3 声波信道特性见图 3-14（a）；塔式钻具组合 3 连接钻杆的长钻柱声波信道特性见图 3-14（b）。塔式钻具组合 4 声波信道特性见图 3-15（a）；塔式钻具组合 4 连接钻杆的长钻柱声波信道特性见图 3-15（b）。以上所有图中，图（b）幅值都进行了归一化处理。

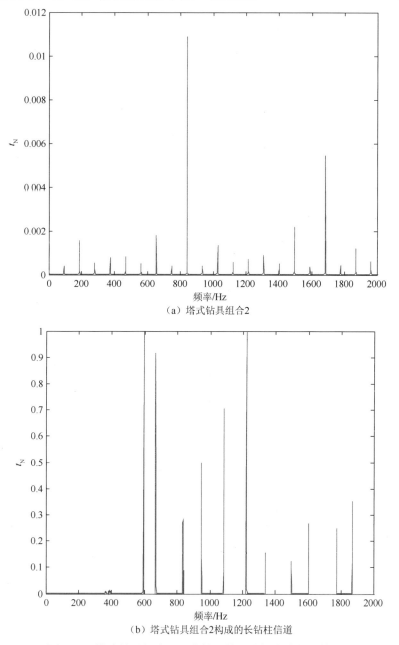

图 3-13　塔式钻具组合 2 及其构成的长钻柱声波信道特性

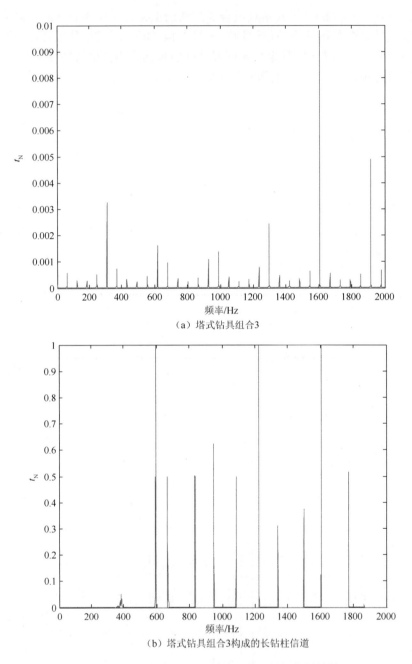

(a) 塔式钻具组合3

(b) 塔式钻具组合3构成的长钻柱信道

图 3-14 塔式钻具组合 3 及其构成的长钻柱信道特性

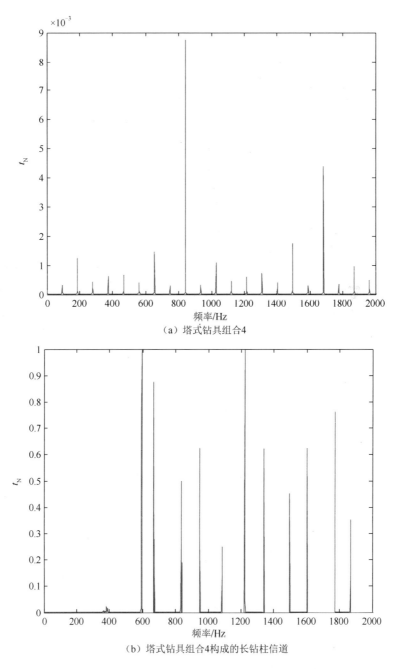

图 3-15 塔式钻具组合 4 及其构成的长钻柱信道特性

分析图 3-12～图 3-15 中的图（a）可知，塔式结构声波信道特性衰减很严重，只在几个频率点有通带，组合 1、2、4 均在频率为 840Hz 左右有很高通带，但频点有少许变化；对比图 3-12～图 3-15 中的图（b）与图 3-10 可知，连接上塔式钻具组合的钻柱声波信道严重衰减，只有在个别频率点有通带，且个别点的频率与钻具组合的长度与截面积都有关系；对比图 3-12～图 3-15 可知，改变塔式钻具组合第一段钻铤和第三段钻铤的长度对声波信道特性影响不大，但是改变塔式钻具组合第二钻铤的长度对声波信道特性有较大影响，最大通带频率变成 1600Hz 左右，但仍旧是个别频点有通带；同理改变塔式钻具组合钻铤的截面积对声波信道特性仍旧只是个别频率点是通带，且频率点值有显著变化。

3.5.2 钟摆钻具组合

钟摆钻具是石油钻井中常使用的一种防斜组合钻具，由钻铤和按计算而设置一定间隔的两个到三个稳定器所组成，主要有钻铤、双稳定器和单稳定器三种组合方式。其工作原理是利用钟摆力使钻头产生与井斜方向相反的侧向切削作用，从而达到对抗增斜力的纠斜力。提高钟摆力的主要方法是使用稳定器和大尺寸钻铤[9]。简易钟摆钻具结构示意图见图 3-16。

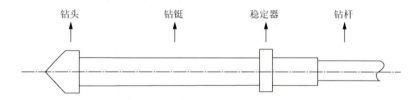

图 3-16　简易钟摆钻具结构示意图

钟摆钻具组合参数如表 3-7 所示。钟摆钻具组合声波信道特性见图 3-17（a）；钟摆钻具组合连接钻杆的钻柱声波信道特性见图 3-17（b）。

表 3-7　钟摆钻具组合计算基本参数[6]

组合	第一段钻铤		稳定器	
	D_1 / mm	L_1 / m	D_2 / mm	L_2 / m
1	229	18.1	308	1.82

由图 3-17（a）可知，钟摆钻具组合的信道特性没有出现很大的衰减，由于钻铤组合构成的信道，截面积变化较小。对比图 3-17（b）与图 3-10 可知，连接上钟摆钻具组合使钻柱声波信道频带几乎没有变化，保持着梳状特性，且通频带位置几乎没变。

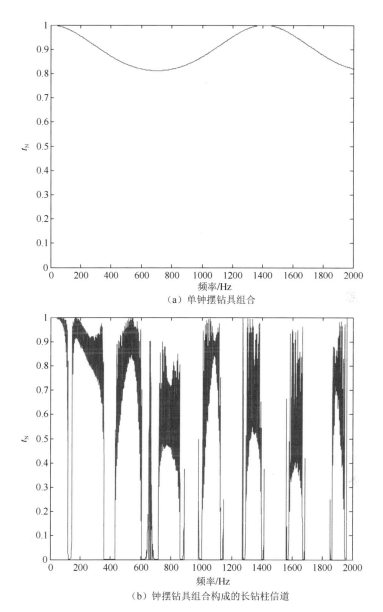

（a）单钟摆钻具组合

（b）钟摆钻具组合构成的长钻柱信道

图 3-17　钟摆钻具组合及其构成的长钻柱信道特性

3.5.3　满眼钻具组合

满眼钻具组合是常规防斜技术的典型组合，一般由几个外径与钻头直径相近的稳定器和一些外径较大的钻铤构成。在钻遇需要增斜或减斜地层时，可以有力地控制井斜变化率，使井斜不致过快地增大或减小，减少钻机狗腿、键槽等隐患。满眼钻具防斜的基本原理在于：在钻头上面加用一定数量的扶正器，扶正钻头和钻艇，提升井底钻柱的刚性，减轻井底钻具的弯曲，消除钻头的严重歪斜；同时抗衡地层自然造斜力，达到控制井斜变化在最小范围以内的目的。采用满眼钻具最突出的优点是井斜变化率这一井身质量的主要指标能得到较好的控制，这种钻具组合的钻头侧向力一般较小，而且基本不受钻压的影响，因此在较大钻压的作用下，可实现快速钻进，并且保持较小的井斜。这种方法能有效地防止因钻具弯曲而引起的井斜，但是没有纠斜能力。简易满眼钻具结构示意图见图 3-18。

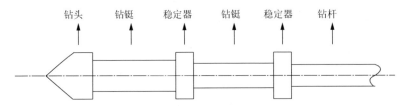

图 3-18 简易满眼钻具结构示意图

满眼钻具组合参数如表 3-8 所示，其钻具组合声波信道特性见图 3-19（a），满眼钻具组合连接钻杆的钻柱声波信道特性见图 3-19（b）。

表 3-8 满眼钻具组合计算基本参数[6]

组合	第一段钻铤		稳定器		第二段钻铤		稳定器	
	D_1/mm	L_1/m	D_2/mm	L_2/m	D_3/mm	L_3/m	D_4/mm	L_4/m
1	127	9.15	214	1.39	209.6	9.1	214	1.5

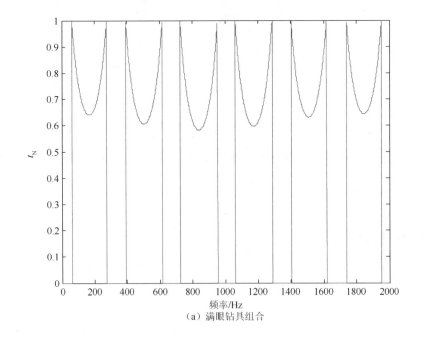

（a）满眼钻具组合

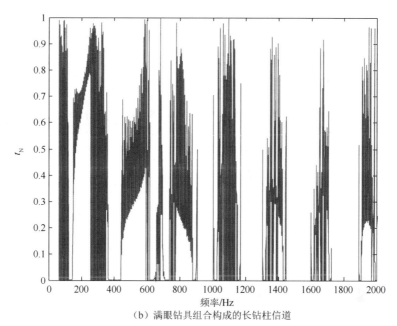

(b) 满眼钻具组合构成的长钻柱信道

图 3-19 满眼钻具组合及其构成的长钻柱信道特性

从图 3-19（a）可知，满眼钻具组合的信道特性已经是梳状结构，与钟摆钻具组合相比，它对信息传输的通带本身就具有了选择性，只是通带内衰减并不严重。对比图 3-19（b）与图 3-10 可知，连接满眼钻具组合的钻柱声波信道已经在一些频带上发生变化，信道通带明显变窄，但仍旧是梳状特性。

通过对塔式、钟摆和满眼这三种典型钻具组合的声波传输的信道特性仿真分析，可以得到如下结论：①塔式钻具组合的信道衰减非常严重，只在几个频点有通带，而且其频点与中间第二段钻铤的长度关系最大，对改变第一段和第三段钻铤长度以及改变钻铤的截面积对通带频点均有影响，由于频点只是个别点，可以说几乎没有信息传输的通带；②钟摆钻具组合的声波通信信道衰减很小，对整个声波信道特性几乎没有影响，依旧保持着信道的梳状结构；③满眼钻具组合的声波通信信道已经是梳状特性，通带幅度衰减不大，与钻杆连接后，声波钻柱信道仍是梳状特性，但是通带变窄，通带内有衰减。

参 考 文 献

[1] 李成, 井中武, 刘钊, 等. 钻柱信道内双声接收器的回波抑制方法分析[J]. 振动与冲击, 2013, 32(4): 66-70.
[2] 李成, 刘钊, 丁天怀. 钻柱声传输信号多载波调制激励分析[J]. 振动与冲击, 2014, 33(3): 1-4.
[3] 蔡小庆. 基于周期性钻柱系统的随钻数据声波传输方法研究[D]. 青岛: 中国石油大学硕士学位论文, 2009.
[4] 周静, 邱彬, 倪文龙, 等. 声波沿钻柱最优传输特性的研究[J]. 振动与冲击, 2015, 34(18): 161-165.

[5] 邱彬. 特殊钻具的声波传输信道特性的研究[D]. 西安: 西安石油大学硕士学位论文, 2015.
[6] 全国石油天然气标准化管理委员会. 石油天然气工业套管、油管、钻杆和用作套管或油管的管线管性能公式及计算: GB/T 20657—2011[S]. 北京: 中国际准出版社, 2012: 6.
[7] 张燕. 近年来国外钻井技术的主要进步与发展特点[J]. 探矿工程, 2007, 34(10): 76-79.
[8] 尚海燕, 饶飞, 邱彬, 等. 典型钻具声波信道特性的研究[C]//苏义脑. 2014 年度非常规油气钻井基础理论研究与前沿技术开发新进展学术研讨会论文集. 北京: 石油工业出版社, 2014.
[9] 练章华, 林铁军, 宋周成, 等. 用等效外径法对塔式钻具组合防斜问题探讨[J]. 西南石油大学学报(自然科学版), 2008, 6(30): 169-172.

第 4 章 信号沿信道传输调制解调方法的研究

4.1 引 言

本章研究声波信号沿钻柱传输的调制与解调方法。在理论分析的基础上，研究建立一套可用于声波传输的调制解调系统，系统可以在声波范围内进行线性扫频、FSK 调制解调、BPSK 调制解调、OFDM 调制解调。通过仿真软件计算，研究各种钻具组合构成信道中信号传输的情况，为实际的声波沿钻柱信道进行信息传输提供仿真支持。

声波信号在周期性钻柱中传输时，信道频率特性是具有通阻带交替的梳状滤波器特性。为了在有限的信道上进行声波传输，需要对传输信息进行交织、编码、调制等处理。信息经信道传输到接收端，接收端经过与发送端处理相对应的解调、解码、解交织等处理后得到发送信息。在传输过程中信道会受到噪声的干扰，随钻声波传输系统组成如图 4-1 所示。

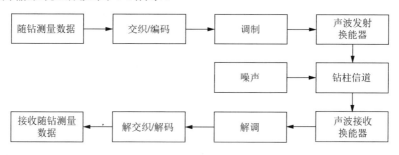

图 4-1 随钻声波传输系统组成

本章主要探讨图 4-1 中常用数字调制解调方法在被噪声包围的钻柱声波信道中的传输性能，对于交织或编码方法未加论述，后续联合信道信源编码时，将会涉及一部分编码解码内容。声波发射与接收换能器也在后续文中讨论。

4.2 信号数字调制的基本原理

信号的数字调制是用待传输的数字基带信号去控制载波的参量，使之随数字基带信号的变化而变化的过程。待传输的数字基带信号称为调制信号；调制后所得到的信号则称为已调信号。大多数数字通信系统中，选择正弦信号作为载波，因为正弦信号形式简单，便于产生和接收。在接收端，将已调信号还原成数字基带信号的过程，称为数字解调。数字调制及解调组合起来统称为数字调制。

数字调制系统基本结构如图 4-2 所示。

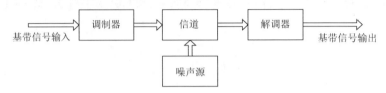

图 4-2 数字调制系统的基本结构

从频域上看，信号调制就是将基带信号的频谱移到适合信道传输的频带上，使信号的传输能力和抗干扰能力增强。通常，正弦波可表示为

$$\varphi(t) = A(t)\cos[\omega(t)t + \theta(t)] \tag{4-1}$$

式中，$A(t)$ 为振幅；$\omega(t)$ 为角频率（频率）；$\theta(t)$ 为相位。此为正弦波的三个独立参量。可以对它们进行相对独立的调制和解调，因此相应的就有三种基本调制方式，即振幅键控（amplitude-shift keying, ASK）、频移键控（frequency-shift keying, FSK）和相位键控（phase-shift keying, PSK）。

4.2.1 ASK 调制的基本原理

设从信息源发出，由二进制符号 0，1 组成原始序列，假定发送符号 0 的概率为 p，发送符号 1 的概率为 $1-p$，且它们相互独立。用一个单极性矩形脉冲序列和一个正弦载波相乘的信号表示一个二进制的振幅键控信号，表达式为

$$e(t) = \left[\sum_n a_n g(t - nT_s)\right]\cos(\omega_c t) \tag{4-2}$$

式中，$g(t)$ 表示持续时间为 T_s 的单极性矩形脉冲，而 a_n 的统计特性为

$$a_n = \begin{cases} 0, & \text{概率为} p \\ 1, & \text{概率为} 1-p \end{cases} \tag{4-3}$$

令

$$s(t) = \sum_n a_n g(t - nT_s) \tag{4-4}$$

则式（4-2）变为

$$e(t) = s(t)\cos(\omega_c t) \tag{4-5}$$

通常，ASK 信号产生电路方法如图 4-3（a）所示。通过 $s(t)$ 来控制开关电路，图 4-3（b）为 $s(t)$ 和 $e(t)$ 的波形示例。对于二进制振幅键控信号，若一个信号状态始终为零，相当于处在断开状态，此时常称为通断键控信号（OOK 信号）。

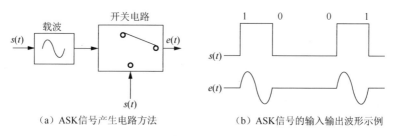

(a) ASK信号产生电路方法　　　　(b) ASK信号的输入输出波形示例

图 4-3　ASK 信号的产生及波形示例

ASK 有两种调制类型，即二进制振幅键控（2ASK）和多进制振幅键控（MASK）。2ASK 中，每个符号只能表示 0，1（+1，-1）。MASK 也叫多电平调制，M 是其载波振幅的种类。当信道噪声条件和输出功率相同时，MASK 的解调性能随信噪比（signal noise ratio，SNR）恶化的速度较 2ASK 快得多。MASK 的应用对 SNR 的要求要比 2ASK 高。在相同的信道传输速率下，MASK 和 2ASK 的信号带宽相同，即当符号速率相同时，他们的功率谱相同。尽管 MASK 调制的效率较高，但它的抗噪性较差，而且抗衰落能力不显著，因此一般仅采用在恒参信道中。

2ASK 解调方法有非相干解调（也称包络检波法）和相干解调（也称同步检测法）。其相应接收端的系统组成方框图如图 4-4 所示。

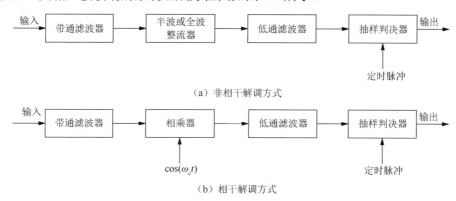

(a) 非相干解调方式

(b) 相干解调方式

图 4-4　2ASK 信号的接收系统组成方框图

2ASK 调制方式是数字调制中出现最早的，也是最简单的，在声波传输中使用过，但因抗噪声性能较差而应用不多。2ASK 调制常常作为研究其他数字调制方式的基础[1]。

4.2.2　FSK 调制的基本原理

设信息源发出的是由二进制符号 0，1 组成的序列，且假定 0 出现的概率为 p，1 出现的概率为 $1-p$，它们彼此独立。那么，二进制频移键控（2FSK）调制信号中的符号 0 对应载频 ω_1，而符号 1 对应于载频 ω_2（ω_1 与 ω_2 是相异的载频）的已调波形，而且 ω_1、ω_2 是瞬时就能完成变化的。2FSK 调制完成了利用一个单极性矩形脉冲序列对一个载波的调频，输出为对应码元的变频调制波。

2FSK 信号的产生常用键控法，也称频率选择法，利用一个开关电路选通 2 个不同且独立的频率源，而此开关电路则受单极性矩形脉冲序列即数字基带信号控制。键控法产生的 2FSK 信号没有过渡频率，稳定度极高且波形好。频移键控法的转换速度快，开关转换瞬间，即基带信号转换时电压会发生跳变，出现相位不连续现象[2]。

2FSK 信号解调方法如图 4-5 所示，有非相干解调法和相干解调法。其中，抽样判决器用于判定输出值，可以不用专门设置门限电平。与相干解调法相比，非相干解调法的抗干扰性能相对较弱，因其解调时无须提取调制信号的载波信号的优点，而常被使用。

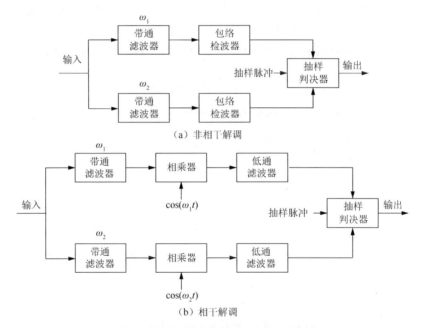

（a）非相干解调

（b）相干解调

图 4-5　2FSK 信号常用的接收系统框图

2FSK 信号还有其他解调方法，如鉴频法、过零检测法、差分检波法、分路滤波法和最佳非相干解调法等。2FSK 调制是数字通信中应用较广的一种方式。在衰落信道中传输数据时，它也被广泛采用[1-3]。

4.2.3　PSK 调制的基本原理

二进制相位键控调制（2PSK 调制）是使用基带脉冲信号键控载波信号中相位参数的一种数字调制方法[3]。

设发送的二进制符号和其基带脉冲信号波形与以前假设的一样,那么 2PSK 信号一般可表示为

$$e(t) = \left[\sum_n a_n g(t - nT_s)\right]\cos(\omega_c t) \tag{4-6}$$

式中,$g(t)$是脉宽为T_s的单个矩形脉冲信号,而a_n的取值服从下述关系:

$$a_n = \begin{cases} +1, & \text{概率为} p \\ -1, & \text{概率为} 1-p \end{cases} \tag{4-7}$$

这意味着在一码元持续时间T_s内观察时,$e(t)$为

$$e(t) = \begin{cases} \cos(\omega_c t), & \text{概率为} p \\ -\cos(\omega_c t), & \text{概率为} 1-p \end{cases} \tag{4-8}$$

即发送二进制 0 符号时(a_n取+1),$e(t)$取 0 相位;发送二进制 1 符号时(a_n取-1),$e(t)$取 π 相位。PSK 信号产生可用键控法选择相位。2PSK 调制原理如图 4-6 所示。

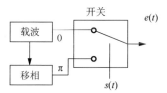

图 4-6 2PSK 调制原理框图

2PSK 信号的相干解调比较实用,如图 4-7(a)所示。考虑到相干解调在这里实际上起鉴相作用,故相干解调中的"相乘器→低通滤波器"又可用各种鉴相器替代,如图 4-7(b)所示。2PSK 信号相干解调又被称为 2PSK 同步检测法。

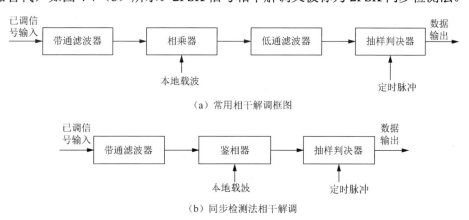

图 4-7 2PSK 信号的解调方框图

2PSK 解调时需要参考基准相位,该基准相位在接收系统中可能随机跳变,且不易被发现,导致在接收端发生错误的恢复,因此实际系统中采用相对移相方式,

即差分相位键控（2DPSK）。2DPSK 利用相邻码元的相对相位值表示数字信息。解调 2DPSK 信号时并不依赖于某一固定的载波相位参考值，前后码元相位的相对差值唯一决定信息符号，鉴别这个相位关系就可以正确恢复数字信息。2DPSK 调制在 2PSK 调制的基础上增加了一个码变换器，完成绝对码波形到相对码波形的变换。解调采用差分相干解调，也称相位比较法解调，在比较相位差的同时已完成码元变换作用，无须另加码变换器。

4.2.4 三种调制方式的比较

考虑到声波信号在钻杆中传输的特点，即信号在传输过程中会受到各种噪声的干扰，这就要求采用的调制方式具有较强的抗干扰能力。考虑到这些干扰因素，分别对几种不同的调制方式性能进行对比，分别如表 4-1 和表 4-2 所示。

表 4-1　不同调制方式频带宽度对比

调制方式	已调信号的频带宽度
2ASK	$2/T_s$
2FSK	$|f_2 - f_1| + 2/T_s$
2PSK	$2/T_s$
2DPSK	$2/T_s$

表 4-2　不同调制方式误码率对比

调制方式	误码率	调制方式	误码率
相干 2ASK	$P_e = \frac{1}{2}\mathrm{erfc}\left(\frac{\sqrt{r}}{2}\right)$	相干 2PSK	$P_e = \frac{1}{2}\mathrm{erfc}(\sqrt{r})$
包络检波 2ASK	$P_e = \frac{1}{2}e^{-r/4}$	非相干 2PSK	$P_e = \frac{1}{2}e^{-r}$
相干 2FSK	$P_e = \frac{1}{2}\mathrm{erfc}\left(\sqrt{\frac{r}{2}}\right)$	同步检测 2DPSK	$P_e = \mathrm{erfc}(\sqrt{r})\left[1 - \frac{1}{2}\mathrm{erfc}(\sqrt{r})\right]$
包络检波 2FSK	$P_e = \frac{1}{2}e^{-r/2}$	差分相干 2DPSK	$P_e = \frac{1}{2}e^{-r}$

通过对比不同调制方式下的频带宽度和误码率，可以看出在频带宽度和频带利用率上 2ASK、2PSK 和 2DPSK 的带宽为 $2/T_s$，2FSK 系统的带宽为 $|f_2 - f_1| + 2/T_s$，其中 T_s 为码元宽度。因此，从频带宽度或频带利用率上看，2FSK 系统最不可取。表 4-2 列出了各种二进制数字调制系统的误码率 P_e 与信噪比 r 的关系。在误码率方面，相干解调略优于非相干解调，基本是 $\mathrm{erfc}(\sqrt{r})$ 和 $\exp(-r)$ 之间的关系，随着信噪比无穷大而趋于同一极限值。实现方法上，对于 2ASK、2FSK

和 2PSK 三种方式来说，发送端所需安装的设备复杂度基本没有差别。在接收端，当使用的调制方式相同时，相干解调方式所需安装的设备要比使用非相干解调方式复杂；如果均使用非相干解调方式，2DPSK 设备最复杂，2FSK 次之，2ASK 最简单[1-3]。

对以上三种调制方式分析可以发现，ASK 调制方式成本较低，同时易于开发，不过它的抗干扰能力最差。PSK 调制方式不仅实现设备比较复杂，而且技术操作的难度也相当大，但其抗噪性能相对最好。FSK 调制方式抗干扰能力较强，实现起来也较为容易，并且它也具有抗衰减与抗噪声等良好的性能，广泛应用在中低速数据传输中[4]。

4.3 声波信号在信道中调制解调传输仿真

在突变截面周期性信道上进行调制解调传输仿真，将需要发射的码元信号调制到选择通带内合适的频点上，将已调信号通过钻柱信道传输到接收端，再经解调得到接收信号，然后与发送信号进行比较，评价钻柱信道传输的可靠性、频率选择的正确性和调制解调方法的优劣性等。

仿真中使用 5in 规格钻杆的结构参数，计算突变截面周期性对称模型中的 R 和 T 参数。仿真采用的是 6 根同规格钻杆级联，未考虑机加工误差的影响。

4.3.1 声波信号经 2ASK 调制解调传输仿真

选择信道频率 700～900Hz 作为载波频率范围，待发送的随机消息序列为二进制码。仿真采样频率为 48000Hz，码元持续时间为 1s，载波频率取 800Hz，信噪比取 15dB。2ASK 调制已调信号如图 4-8 所示，已调信号的幅频特性如图 4-9 所示，已调信号通过仿真信道，再经相干解调法，抽样判决后得到二进制序列。

2ASK 调制信号经信道后能无误解调出来，误码率为零。根据香农公式，在带限、有噪声的信道上，信道的最大数据传输速率为 $C_{\max} = B\log_2(1+\text{dB})(\text{bit}/\text{s})$，其中 B 是信道的带宽，dB 为信噪比。当选取整个可用的信道带宽为 200Hz 时，信噪比取 15dB，通过计算可知，此时最大数据传输速率为 800bit/s，这时仿真中数据传输速率远小于此值，因此可以实现无误码率传输。当取信道带宽 80Hz 时，此时最大数据传输速率不超过 320bit/s，设计数据传输速率为 320bit/s 时，仿真误码率为 22.19%，设计数据传输速率为 100bit/s 时，误码率始终小于 0.5%，但不是无误码。相干解调中，带通滤波器的通带宽度要等于大于信道带宽。仿真结果证实了 2ASK 调制解调方式在声波信道上是可行的。

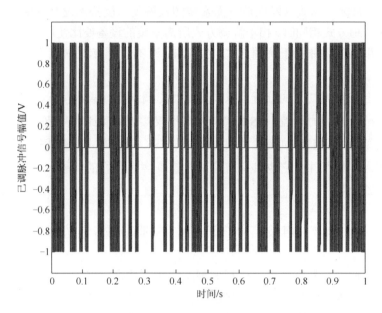

图 4-8 2ASK 调制已调信号

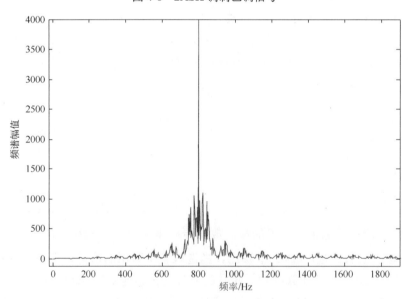

图 4-9 2ASK 调制已调信号的幅频特性

4.3.2 声波信号经 2FSK 调制解调传输仿真

选择在频段为 700~900Hz 的信道上进行 2FSK 调制解调仿真。待发送码元信号为二进制码,2FSK 两个载波频率分别为 f_1=800Hz,f_2=880Hz,采样频率、码元持续时间均不变,信噪比取 15dB。图 4-10 是已调信号的幅频特性,将已调信号通过信道,输出经相干解调和抽样判决得到解调输出序列。

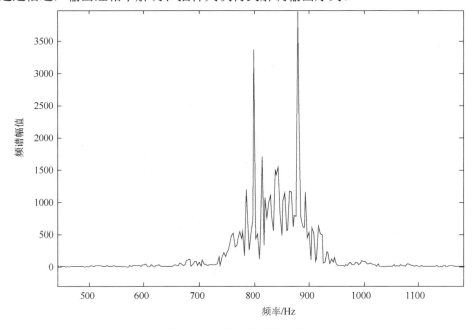

图 4-10 已调信号的幅频特性

设计待传输速率为 100bit/s,信号经仿真信道后,可以无误解调出来,证实了 2FSK 调制与解调方法的可行性。2FSK 数据传输速率受两个载波频率差的影响,两个载波的频率差越大,数据传输速率越大。仿真中选取频率差为 80Hz,无误码率传输时,最大待传输的数据比特率只能达到 80bit/s。载波的频差受信道中所选通带带宽限制,这在钻杆声波传输信道中需要注意。同时,相干解调中带通滤波器的通带宽度要等大于载波的频率差,以保证误码率要求并提取正确信息。

4.3.3 声波信号经 2PSK 调制解调传输仿真

同样的仿真条件,采用 2PSK 调制解调方式进行仿真。对待发送的随机二进制序列进行 2PSK 调制得到已调信号,图 4-11 是已调信号的幅频特性,载频为 800Hz,将已调信号通过信道,输出经相干解调和抽样判决得到解调输出序列。

信号 2PSK 调制经仿真信道后能无误解调出来,验证了 2PSK 调制与解调方法在声波信道上传输的可行性。2PSK 对信道带宽的要求与 2ASK 相当,当取信道带宽为 80Hz,设计待传输速率与信道最大传输速率相等,为 320bit/s 时,误码率为 25%。当待传输速率小于等于 100bit/s 时,基本是无误码传输,而带宽受仿真信道中所选通带宽度的限制。当相干解调中带通滤波器的宽度等于大于信道带宽时,能保证误码率要求。

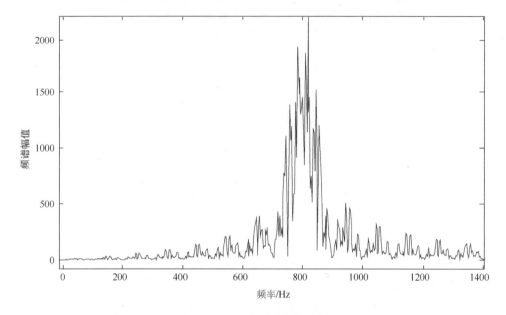

图 4-11 已调信号的幅频特性

仿真验证了 2ASK、2FSK 和 2PSK 调制解调方式在声波遥传系统中的可行性，并对发送信号选定调制的载波频率范围进行了确认。由仿真结果可知比特率、信道带宽及载波频率对信号的传输都有影响。

4.4 声波传输的调制解调仿真软件设计及说明

为了深入研究声波沿钻柱传输中，信号调制解调部分的影响，将软件与硬件结合，构造声波传输调制解调仿真系统。该系统包括仿真软件、信号生成部分、信号接收部分。仿真软件的功能主要分为两部分：一部分是生成符合要求的调制文件；另一部分是对接收到的数据文件进行解调。信号生成部分将有软件生成的调制文件通过特定的转换工具转换成信号发生器识别的数据文件，然后下载到信号发生器里，由信号发生器来生成具体的信号波形。信号接收部分通过数据采集仪将采集的数据生成系统软件可以识别的文件格式，再通过软件来进行相关的解调工作。

按照系统的设计要求，声波传输仿真系统的调制解调设计框图如图 4-12 和图 4-13 所示。软件的开发环境选用 MATLAB7.0。利用 MATLAB GUI 工具进行软件窗体编辑，实现仿真软件的各项功能。

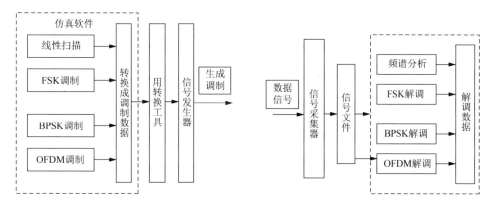

图 4-12 调制系统仿真框图　　　　图 4-13 解调系统仿真框图

各种调制信号的产生是由仿真软件所产生的波形文件输入到信号发生器当中，由信号发生器根据波形文件输出真实的调制信号。波形发生器选用 RIGOL 的 DG5000 函数/任意波形发生器。

将仿真软件生成的各种调制波形义件通过 DG5000 所提供的转换软件转换成 DG5000 所识别的文件格式，并存放在 U 盘当中，利用 DG5000 读文件的功能，将波形还原成真实信号。

利用数据采集仪将接收的信号转换成为仿真软件可以识别的文件，然后通过仿真软件进行相关的解调分析。数据采集仪选用杭州亿恒科技有限公司的 MI-6008。利用 MI-6008 数据采集仪将接收到的数据记录到计算机中，以便于仿真软件进行后期的各项解调工作。

4.4.1 软件概述

仿真软件需要在 MATLAB7.0 系统上才能正常运行。软件完成了线性扫频的信号的生成与频谱分析，FSK、BPSK 及 OFDM 的调制解调仿真，并编制了相应的帮助模块。下面分别进行分析。

1. 线性扫频

"线性扫频"菜单中包括"生成线性扫频文件"和"线性扫频频谱分析"两个命令。生成线性扫频文件是按参数要求生成线性扫频的仿真文件。线性扫频频谱分析是将接收的数据进行相关的频谱分析。

单击"生成线性扫频文件"命令，弹出如图 4-14 所示对话框。

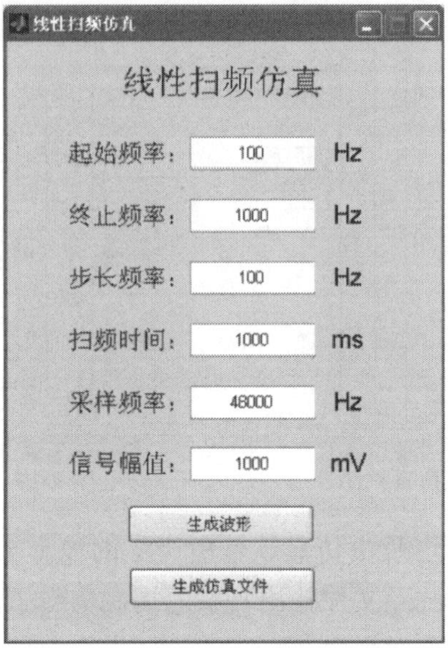

图 4-14 "线性扫频仿真"对话框

1)"线性扫频仿真"对话框说明

起始频率：线性扫频的起始频率，在文本框内可以输入 1～100000 的数字，单位为 Hz。

终止频率：线性扫频的结束频率，在文本框内可以输入 1～100000 的数字，单位为 Hz，但不能和起始频率一样，同时也不能小于起始频率和步长频率之和。

步长频率：在线性扫频中每次扫频时的频率增量，在文本框内可以输入 1～1000 的数字，单位为 Hz。

扫频时间：每一个步长频率信号产生的时间长度，在文本框内可以输入 1000～10000 的数字，单位为 ms。

采样频率：每秒产生多少个数据，要和信号发生器的采样频率一致，在文本框内输入 10000～100000 的数字，单位为 Hz。

信号幅值：产生的信号幅度的最大值，在文本框内输入 10～10000 的数字，单位为 mV。

生成波形：单击此键就可以根据所输入的相关参数，生成波形并显示。

生成仿真文件：单击此键以文件的形式将生成的波形保存在当前路径下。

2）线性扫频频谱分析

单击"线性扫频频谱分析"命令，弹出如图 4-15 所示对话框。单击"加载波形文件"功能可以加载待频谱分析的文件，文件形式的后缀为 txt。采样频率是指每秒所处理的数据量。在对话框内输入 10000～100000 的数字，采样频率必须和前面仿真生成时的采样频率一致，或分析数据采集仪采集保存的波形文件时，采样频率要与数据采集仪的采样频率一致，单位为 Hz。单击"生成频谱"可以完成对待分析文件的频谱分析。

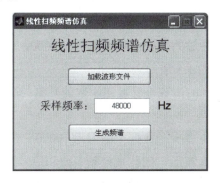

图 4-15　"线性扫频频谱仿真"对话框

2. FSK 调制仿真

"FSK 调制解调仿真"菜单包括"FSK 调制仿真"和"FSK 解调仿真"两个命令。FSK 调制仿真按要求将码元文件用 FSK 的调制方式生成调制波形。FSK 解调仿真按要求将 FSK 调制波形解调为码元文件。单击"FSK 调制仿真"命令，弹出如图 4-16 所示对话框。

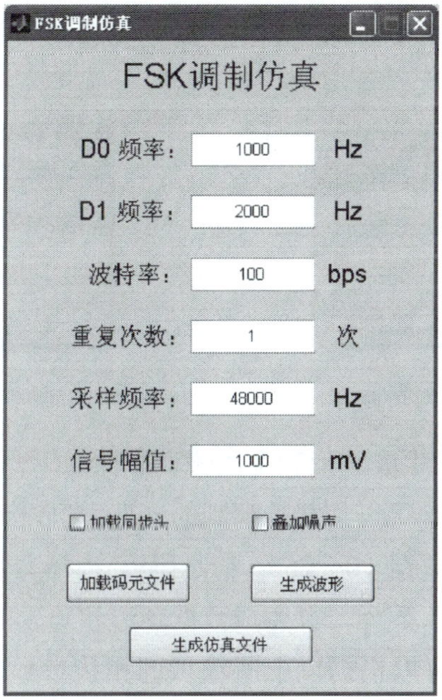

图 4-16　"FSK 调制仿真"对话框

1）信号参数设置框

D0 频率：在 FSK 调制中，码元"0"所对应的频率，范围为 1～10000，单位为 Hz。D0 频率和 D1 频率不可同频。

D1 频率：码元"1"所对应的频率，范围是 1~~10000，单位为 Hz。

波特率：每秒可以传输的位数，范围是 10～1000，单位为 bit/s。D0 和 D1 的频率差不得小于波特率的 1.5 倍。

重复次数：对所调制的内容进行设定次数的复制，输入 1～100 的数字，单位为次。

采样频率：每秒产生多少个数据，范围为 10000～100000，单位为 Hz。如果要用信号发生器输出仿真波形，则此采样频率要和信号发生器的一致。

信号幅值：产生的信号幅度的最大值，范围是 10～10000，单位为 mV。

2）加载同步头和叠加噪声选项

选择加载同步头功能可以在所待调制的码元文件前加上约定的同步头，以便于在解调时进行区分，单击此项会弹出如图 4-17 所示的对话框，在对话框内可以输入 0～255 的数字，如果同步头内包括多个数字，数字间用"，"分开，然后单击"OK"按键。

选择叠加噪声功能可以按设定的信噪比在波形中叠加噪声。单击此项会弹出如图 4-18 所示的对话框，在对话框的文本框内输入需要设定的信噪比，然后单击"OK"按键。

图 4-17　同步头对话框

图 4-18　噪声对话框

3）加载码元文件、生成波形和生成仿真文件

加载码元文件功能是可以加载待调制的文件，文件格式为后缀是 txt 的标准文件，文件的内容为单列数据（0～255，信息码）。选择文件后程序会自动将文件和同步头转换为"0""1"码元，并生成数据图形和码元图形。

"生成波形"功能可以根据以上所输入的相关参数，生成 FSK 调制波形并显示。

"生成仿真文件"功能是将以后缀为txt文件的形式将生成的波形保存在当前路径下。

3. FSK 解调仿真

单击"FSK 解调仿真"命令，弹出如图 4-19 所示对话框。

前 4 个参数与调制参数设置要求一致，不重复叙述。

信号门限：用来区分有效信号的信号幅值设定。

加载波形文件：加载待解调的文件，文件形式为*.txt。

生成解调图文：将待解调的波形文件按照以上的相关参数进行解调处理，并将最后的解调结果以图文的方式进行显示。

生成解调文件：将解调的结果以后缀为 txt 文件的形式保存。

图 4-19 "FSK 解调仿真"对话框

4. BPSK 调制解调仿真

"BPSK 调制解调仿真"菜单包括"BPSK 调制仿真"和"BPSK 解调仿真"两个命令。BPSK 调制仿真的功能是按要求将码元文件用 BPSK 的调制方式生成调制波形。BPSK 解调仿真的功能是按要求将 BPSK 调制波形解调为码元文件。

单击"BPSK 调制仿真"命令，弹出如图 4-20 所示对话框。

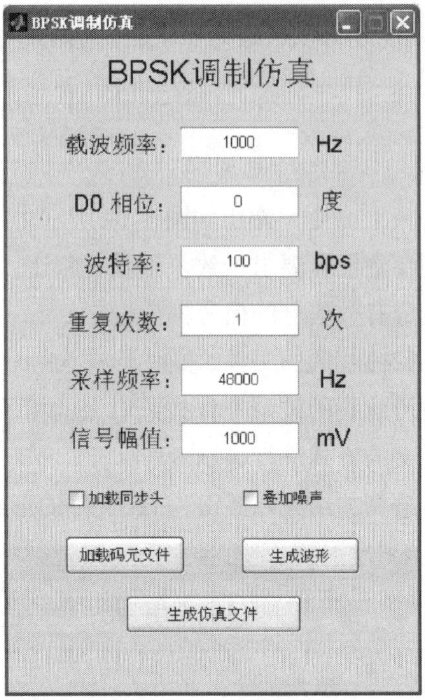

图 4-20 "BPSK 调制仿真"对话框

载波频率：BPSK 调制时的载波频率，范围为 1～10000，单位为 Hz。

D0 相位：码元 0 所对应的相位，对应 0、90、180、270 四个数值，其他数值均无效，单位为度。当 D0 的相位确定后，D1 的相位为 D0 相位的反向。

波特率：BPSK 调制中，每秒可以传输的位数，范围为 10～1000，单位为 bit/s。

重复次数：对所调制的内容进行设定次数的复制，范围为 1～100，单位为次。

采样频率、信号幅值、加载同步头、叠加噪声与 FSK 调制仿真的相应参数要求相同。

加载码元文件和生成波形也与 FSK 调制仿真等功能相似。

单击"BPSK 解调仿真"命令，弹出如图 4-21 所示对话框。

载波频率、D0 相位、波特率、采样频率与 BPSK 调制仿真中相应参数设置相同。

信号门限、加载波形文件与 FSK 相应按键功能相同。

生成解调图文是将待解调的波形文件按照对话框的相关参数进行解调处理，并将最后的解调结果以图文的方式显示。

生成解调文件按键功能是将解调的结果以 txt 文件形式保存，文件名及存储路径与线性扫频或 FSK 调制解调等方式类似。

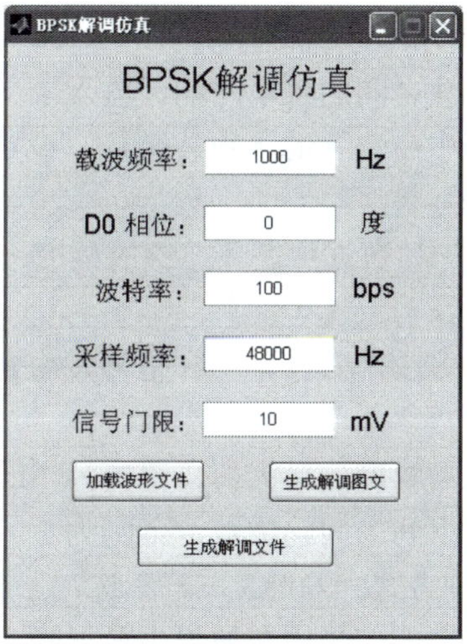

图 4-21 "BPSK 解调仿真"对话框

5. OFDM 的调制解调仿真

"OFDM 调制解调仿真"菜单包括"OFDM 调制仿真"和"OFDM 解调仿真"两个命令。OFDM 调制仿真是按要求将码元文件用 OFDM 的调制方式生成调制波形。OFDM 解调仿真是按要求将 OFDM 调制波形解调为码元文件。

单击"OFDM 调制仿真"命令,弹出如图 4-22 所示对话框。

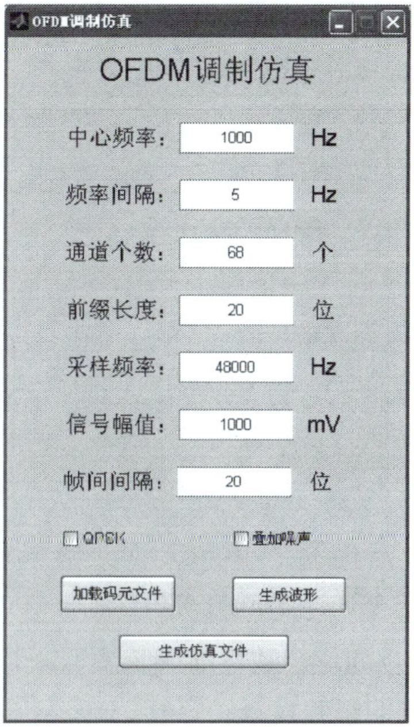

图 4-22 "OFDM 调制仿真"对话框

中心频率：OFDM 调制的中心频率，范围为 400～10000，单位为 Hz。

频率间隔：每个子载波之间的频率间隔，输入 1～20 的数字，单位为 Hz。

通道个数：每一帧当中所包含的子载波个数，设定为 20、32、68、132，单位为个。

前缀长度：生成的每一帧数据中循环前缀的程度，输入 10～30 的数字，单位为位。

采样频率：每秒产生多少个数据，要和信号发生器的采样频率一致，文本框内输入 10000～100000 的数字，单位为 Hz。

信号幅值：产生的信号幅度的最大值，范围为 10～10000，单位为 mV。

帧间间隔：每一帧数据间的间隔位数，范围为 1～30，单位为位。

QPSK：子载波的调制方式为 QPSK，若不选，子载波的调制方式为 BPSK。

叠加噪声：可以按设定的信噪比在波形中叠加噪声，与 FSK、BPSK 调制仿真功能类似。

加载码元文件、生成波形、生成仿真文件这 3 个按键功能与 BPSK 调制仿真功能类似。

单击"OFDM 解调仿真"命令，弹出如图 4-23 所示对话框。

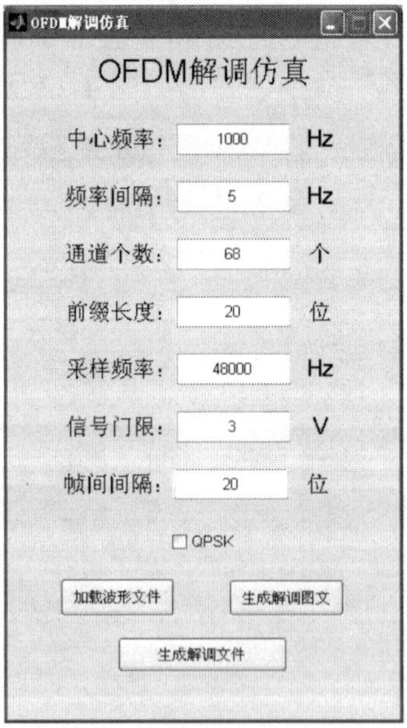

图 4-23 "OFDM 解调仿真"对话框

中心频率、频率间隔、通道个数、前缀长度、采样频率和帧间间隔参数设置与 OFDM 调制仿真对话框的参数设置一致。

信号门限：确定信号的门限幅值，范围为 1～5，单位为 V。

QPSK：与调制相对应。选定或不选此选项与调制时保持相同。

加载波形文件、生成解调图文、生成解调文件这 3 个按键功能与 BPSK 解调仿真功能类似。

6. 帮助

帮助菜单中有两个选项：①信号发生器参数计算器；②OFDM 波特率计算器。单击"信号发生器参数计算器"命令，就会弹出如图 4-24 所示的对话框。

图 4-24 "信号发生器参数计算器"对话框

如果将采样频率转换为仪器参数，在采样频率文本框内输入采样频率的数据，然后在仪器参数文本框内输入 0，单击"转换"按键，就可在仪器参数文本框内显示要在信号发生器上输入的参数。

单击帮助菜单中的"OFDM 波特率计算器"命令，就会弹出图 4-25 所示的对话框。

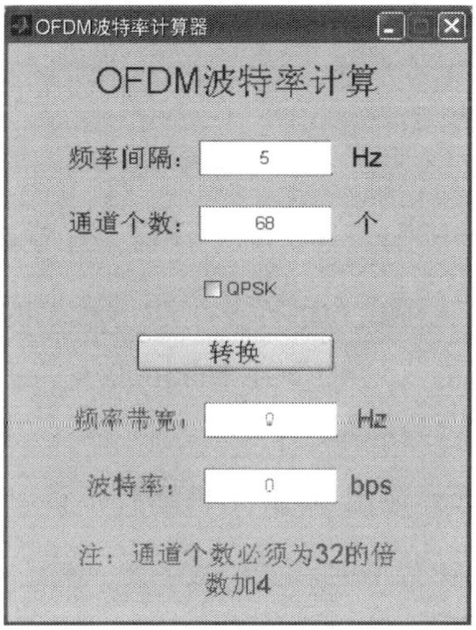

图 4-25 "OFDM 波特率计算器"对话框

在对话框内输入频率间隔、通道个数、调制方式后，单击"转换"键后分别在频率带宽和波特率的文本框显示计算后的带宽和波特率。

4.4.2 模拟通道使用说明

仿真系统若用硬件设备仿真实现，则需要信号发生器作为信号源，完成类似 A/D 的转换功能。需要信号采集仪实现模拟信号的采集，完成类似 D/A 的转换功能。

1. 文件格式转换

使用 MATLAB 程序："声波调制解调仿真软件"生成的仿真文件格式为 txt 格式，不能直接在信号源上使用，需要进行格式转换。

格式转换使用"FileTypeConvert.exe"，此软件为信号源厂家提供，Windows 应用程序。打开软件，对话框如图 4-26 所示。

图 4-26 "文件格式转换工具"对话框

（1）选择数据源文件的格式为每行一个波形数据的文件格式；
（2）选择目标文件的格式为 RIGOL DG5000 支持的 RAF 文件格式；
（3）单击"打开"，选择仿真文件；
（4）单击"保存"，选择输出 RAF 文件路径；
（5）单击"转换"。

若正常执行，弹出转换完成。

2. 信号源（DG5101）产生信号

使用 DG5101 产生模拟信号的过程如下：
（1）将传输的 RAF 文件复制到 U 盘；
（2）将 U 盘插入信号源后面板 USB 口；
（3）打开信号源；
（4）信号源启动稳定后，按"Arb"；
（5）用右方向三角按钮选择下一菜单；
（6）单击"选择波形"，再单击"已存波形"；
（7）用大旋钮和目录按钮选择 U 盘上的 RAF 文件 DestData.raf；
（8）单击"读取"，出现"任意波数据读取…"进度条；
（9）波形读取完成；
（10）打开信号源"Output"按钮输出。

3. 信号采集仪（Econ MI-6008）使用

使用信号采集仪采集实际信号并保存成文件形式的过程如下：
（1）连接 Econ 前面板 USB 口到计算机 USB 口；
（2）输入信号连接到 Econ 前面板 INPUT1；
（3）打开 Econ 采集仪；
（4）打开 Econ 软件，选择"数据采集与分析"；
（5）软件主界面如图 4-27 所示；

图 4-27　Econ 采集仪软件数据采集与分析主界面

(6) 双击"数据记录",弹出窗口;

(7) 单击菜单"设置"→"硬件参数",将 2、3、4 通道设为不用,然后单击"确定";

(8) 单击菜单"设置"→"分析参数",选择采样频率,如图 4-28 所示;

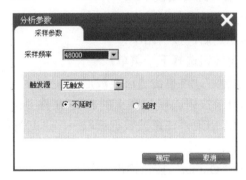

图 4-28 采样参数界面

(9) 单击菜单"设置"→"存储管理",通道 1 存储类型为 Y,然后选择存储路径,如图 4-29 所示;

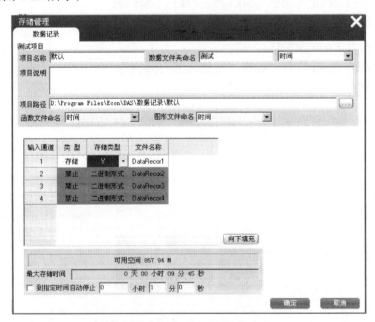

图 4-29 菜单设置的存储管理界面

(10) 单击 F2,或者主界面右边三角图形按钮开始采集,如图 4-30 所示;

(11) 单击右边正方形按钮结束采集,采集数据自动存储到设置的路径。

第 4 章　信号沿信道传输调制解调方法的研究 · 95 ·

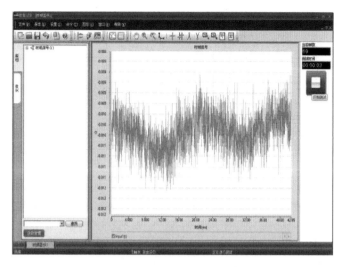

图 4-30　Econ 采集仪软件采集的数据图形显示

4.5　调制信号通过钻柱信道的仿真分析

利用声波传输调制解调系统和声波钻柱信道，研究 FSK 和 BPSK 两种调制解调方式下，信号通过钻杆突变模型信道和渐变模型信道的误码率情况。钻杆信道是由 5in 标准规格钻杆组成，分为两种情况：一种是无机加工误差的同规格钻杆构成信道；另一种是实际信道，钻杆尺寸存在机械加工允许误差的同规格钻杆构成信道。对比研究信道的长度约在 3000ft 和 6000ft 时信道中的信息传输情况。OFDM 调制解调方式比较复杂，在第 5 章进行详细的讨论，这里暂不叙述。

4.5.1　FSK 信号通过突变信道和渐变信道分析

1. FSK 信号通过突变信道分析

首先研究 FSK 调制信号通过周期性理论钻杆信道，钻杆直段与接头之间为突变连接。此种突变信道频带较宽，带内起伏也较小。在仿真中可以看出，采用与信道相匹配的载波信号和合适的传输速率，信息就可以畅通传输。以 10 根 5in 标准钻杆周期性连接构成对称钻杆信道，信道特性如图 4-31 所示。图中黑色虚线为模拟信道的频率特性。因为难以进行宽频谱逼近，所以主要选中第三个和第四个频带逼近，采用 FIR 滤波器仿真，最佳 FIR 滤波器的长度为 176。

采用 FSK 调制解调进行测试，根据 FSK 信息传输程序的约定，以 32 个待传输数据为一组，仿真中选择自然数，将 1～11，255，13～31 共 32 个数存储在 TEST1.TXT 文件中，供传输调制调用。FSK 调制解调参数设置如图 4-32 所示。

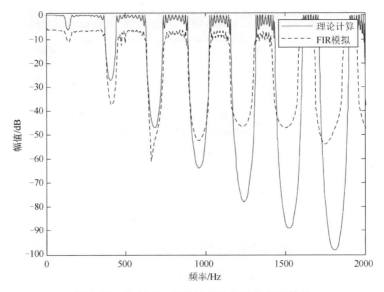

图 4-31　10 根 5in 标准钻杆串信道的频率特性

（a）FSK 调制参数　　　　　　（b）FSK 解调参数

图 4-32　FSK 调制解调参数设置

单击"生成波形"得到 FSK 调制信号，送入图 4-31 所示的 FIR 模拟声波信道。分析声道输入和输出信号的频率特性，如图 4-33 所示，由于输入信号的数字可以判断出待传输字节中，码元"0"的传输量远大于"1"的传输量，图中信号的频率特性表现出码元"0"的载频幅值高于码元"1"的载频幅值。信号经过第三个子信道后输出如图 4-33 中虚线所示，信号经过信道幅值的衰减大于 10dB。经过信道的文件仍存储回 FSKT.TXT 中，单击"FSK 解调仿真"对话框中的"加载波形文件"加载文件 FSKT.TXT，然后经"生成解调图文"得到解码信息，通过"生成解码文件"存储解调文件。解码信息如图 4-34 所示。与已知数据对比，解码完全正确。仿真中未加信道噪声。

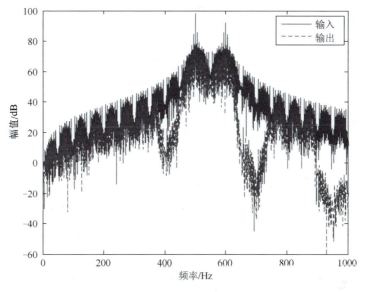

图 4-33　通过信道的输入输出信号的频谱

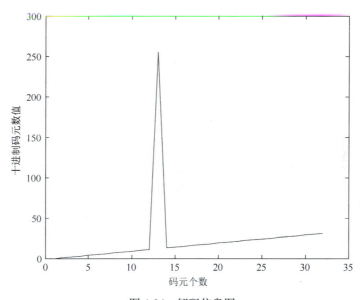

图 4-34　解码信息图

下面采用实际信道进行仿真。同样是 10 根 5in 钻杆构成信道，允许每个钻杆的所有加工尺寸均存在标准规格的±4%的加工误差，其信道的频率特性如图 4-35 所示。钻杆随机排列导致信道的带内幅度起伏变化，并且通带位置存在微小偏移，但由于只有 10 根钻杆，因此还是对称信道，信息传输仍能保证。通过该信道的输入输出信号的频谱如图 4-36 所示。

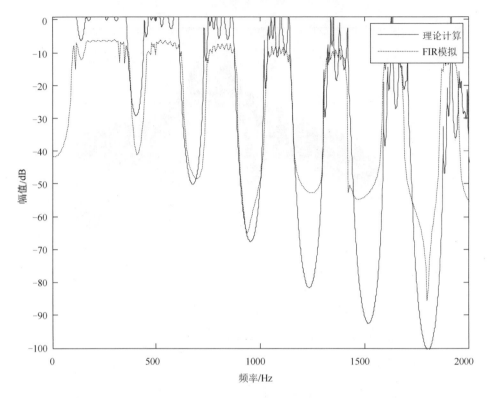

图 4-35 10 根 5in 存在加工允许误差的突变钻杆级联构成信道的频率特性

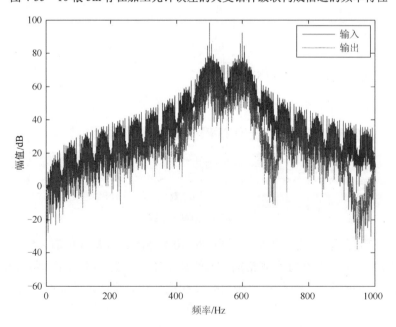

图 4-36 通过信道的输入输出信号的频谱

FSK 调制解调仍选择第三频带的 500Hz 和 600Hz，波特率选为 50bit/s，解码信息如图 4-37 所示。第一个字节 0，解码为 64。其中一个码元 "0" 被解码为 "1"，则该次解码的误码率为 1/（32×8）=0.39%。通过降低波特率到 30bit/s，可以实现解码完全正确。

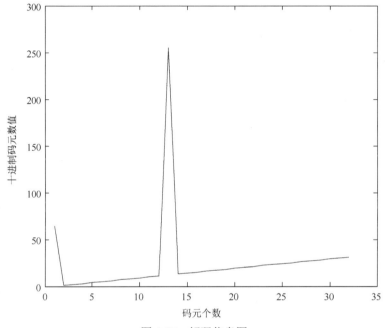

图 4-37　解码信息图

当 100 根实际钻杆串联构成声波突变截面信道时，其频谱通带内的幅度起伏剧烈。仍采用前述实验参数，在第三个子通带内，选择载频为 500Hz 和 600Hz。当波特率为 30bit/s 时，解码的误码率为 11.33%。当波特率为 12bit/s 时，解码后，计算误码率为 5.86%。在一个子通带内数据传输速率很低，如果在这个信道中采用两个子通带传输，FSK 两个频带中，一个选在第三通带 500Hz，另一个选在第四通带 800Hz，当波特率为 30bit/s，误码率降到 1%以下。

2. FSK 信号通过渐变信道分析

将钻杆等效为更加接近实际的斜截面连接钻杆直段与接头，仍以 5in 钻杆为例，钻杆材质为钢，使用 100 根钻杆串联实现约 3000ft 的深井信道，同样允许机械加工误差在±4%，信道频谱特性如图 4-38 所示，其幅值为归一化对数，单位为 dB。与突变信道通道特性相比，在钻杆参数一致的情况下，通频带与阻频带位置变化不大。图 4-39 为 201 根斜截面钢质钻杆级联构成长约 6000ft 的信道频谱特性，幅值为归一化对数，单位为 dB。下面将研究信号以 FSK 调制解调方式进行信息传输的情况。

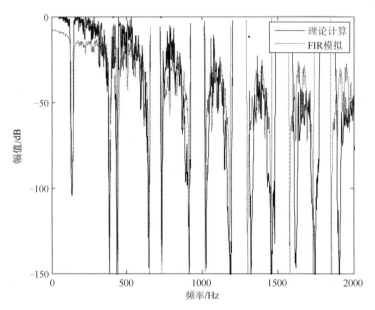

图 4-38　100 根 5in 渐变截面钻杆信道频谱特性

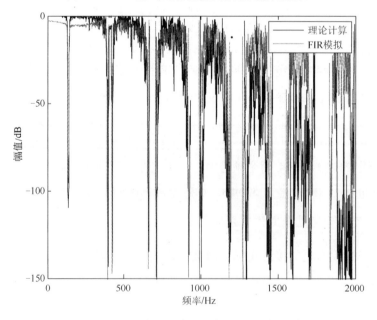

图 4-39　201 根 5in 渐变截面钻杆信道频谱特性图

FSK 调制选择载频为 500Hz 和 600Hz，都位于第三个通带内，波特率为 20bit/s，仿真结果是误码率为 0.39%。当波特率降低为 12bit/s 时，误码率几乎为零（传送 105bit 数据，没有误码）。当一个载波位于第三个通带，频率为 500Hz，一个位于第四通带，频率为 800Hz 时，则波特率为 20bit/s，传输信息的误码率小于 0.5%。

在 6000ft 的信道做同样的实验，当两个载波位于一个子通带内进行信息传输时，传输速率极低，误码率仍很高，几乎不可用。当两个载波位于两个不同的子通带内，亦可实现波特率为 20bit/s，误码率也几乎为零。

4.5.2 BPSK 信号通过突变信道与渐变信道分析

1. BPSK 信号通过突变信道分析

对于 10 根 5in 钻杆连接的突变信道，以 BPSK 方式进行调制解调，参数设置如图 4-40（a）和（b）所示，以 550Hz 为载波频率，波特率取 100bit/s，传输的信息解码无误。同样将信号通过 100 根标准规格突变模型的钻杆信道，调制解调参数不变，信号传输速率可达 100bit/s 的无误码传输。信号通过 100 根突变钻杆信道的输入输出信号的频谱如图 4-42 所示。输出信号的幅值比输入信号的幅值衰减约 10dB。以同样的信号通过 201 根钻杆到接收端，信号仍可以 100bit/s 的传输速率无误码传输。显然 BPSK 的调制解调仿真效果明显要好于 FSK 方式。

2. BPSK 信号通过渐变信道分析

与 FSK 调制解调方式仿真类似，信道分别是 3000ft 和 6000ft 的信道，信道特性如图 4-38 和图 4-39 所示。只是改变信号的调制解调方式为 BPSK，参数设置如图 4-40 所示。通过 3000ft 信道的信号输入输出信号的频谱如图 4-41～图 4-43 所示。

（a）BPSK 调制参数

（b）BPSK 解调参数

图 4-40 BPSK 调制解调参数设置

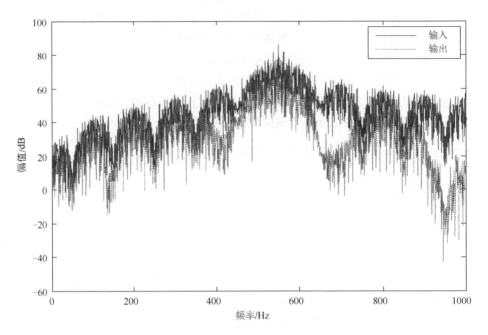

图 4-41　通过 100 根突变钻杆信道的输入输出信号频谱

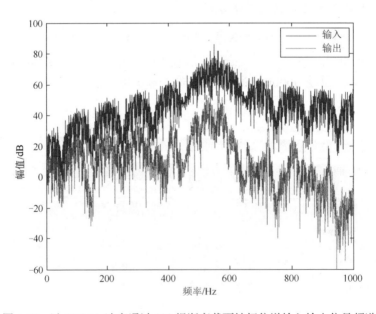

图 4-42　以 100bit/s 速率通过 100 根渐变截面钻杆信道输入输出信号频谱

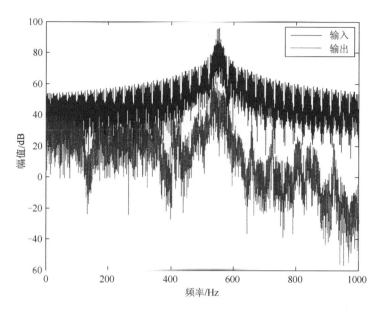

图 4-43　以 30bit/s 的速率通过同杆信道输入输出信号的频谱

在仿真过程中发现渐变接头的圆柱长度与圆锥长度的设置非常关键，即在图 4-44 中，当 b 与 l 的数值相差较大时，仿真中 b/l 比值大于 10，渐变信道与突变信道特性相差不大，信息传输效果与突变信道相当，BPSK 方式在传输速率为 100bit/s 时可以无误码传输。但是当 b/l 的比值小于 10 时，信道急剧变窄，幅值变小，几乎为零。总体来说，标准钻杆都满足 b/l 比值大于 10 的条件，但是当钻柱中接有特殊钻具时，信道特性可能会有显著变化。BPSK 调制解调信号通过 6000ft 钻杆信道时，重复上述实验，其结果与通过 3000ft 信道基本相当。

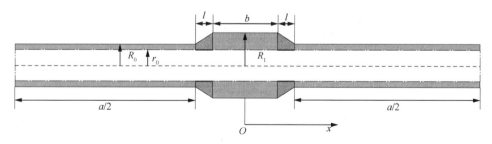

图 4-44　线性直圆锥与圆柱杆组合的变截面透声膜模型

4.5.3　FSK 和 BPSK 调制解调方式的对比

FSK 和 BPSK 调制解调方式都可以在钻杆信道的窄通带上进行信息传输。FSK 可以通过多通道提高信息的传输速率。显然在同等条件下，BPSK 的传输速度优于 FSK 调制解调方式,并且理论上其抗高斯白噪声的能力也更强,但是 BPSK 对相位特性要求更高,特别是在信号源的相位特性上,这对声波发射器的相位特性无疑提出了更高的要求。第 7 章将讨论一种声源,压缩陶瓷材料制成的声波换能器,声源的相位特性是比较难控制的,因此在实际应用中,要结合整个信源、信道与信宿特性的结合,以选取最佳方案。另外,仿真过程中未加入噪声,而且在实现设备的复杂度上 FSK 更具有优势,且在钻井环境中,数据传输方式的选取还需要考虑环境设备,更多的数据检验等。在低噪比下,FSK 和 BPSK 都不能很好地单独工作,需要深入地研究如何更佳地传输信息。从目前的测试来看,如果能建立信息传输与通带特性相匹配的传输方式,寻找最佳的调制解调方式,然后在通频带进行信息传输,会达到更优的信息传输质量。第 5 章将深入讨论采用 OFDM 调制解调技术结合优化方法,探索更优的信息传输方式。

参 考 文 献

[1] 樊昌信, 张甫翊, 徐炳祥, 等. 通信原理[M]. 北京: 国防工业出版社, 2001.
[2] 李颖洁, 邹雪妹, 赵恒凯, 等. 现代通信原理: 上册[M]. 北京: 清华大学出版社, 2007.
[3] 付鑫生. 石油测井信息数字传输原理与系统[M]. 北京: 石油工业出版社, 1991.
[4] 张会先. 钻井信息传输通道特性仿真[D]. 西安: 西安石油大学硕士学位论文, 2015.

第5章　基于 OFDM 的起伏窄信道声波信息传输

5.1　引　言

本章的研究目标是根据信道模型和信道频率特性，分析、设计合适的随钻测井数据传输方案，确定通信系统参数，并使用仿真的渐变截面信道的频率响应特性测试数据传输方案的可行性。对钻杆信道的衰减特性和 OFDM 传输子信道的误码率分别进行测试，给出总体失真信号最小的传输方案，为实现最优钻井通信提供理论支持和参考依据。

5.2　钻杆信道特性分析

随钻声波遥测系统利用声波在钻杆中传播来传输井下数据，它没有使用能够传输电信号的导线，信息传输的介质是钻柱，严格地讲，声波遥测既非有线传输，也非无线传输。但从其传输方式和特性上看，它更接近无线传输[1]。因此，为了设计可靠的数据传输方案，首先分析声波信号在钻杆信道中的衰落特性。

5.2.1　时间选择性衰落

根据信号参数（如带宽、码元间隔等）和信道参数之间的关系，不同的发射信号会发生不同类型的衰落，若信号在信道中发生的衰落与时间有关，则称为时间选择性衰落，它是无线信道的一种典型衰落，描述了无线信道的时变特性。

由于多普勒效应，当无线发射机和接收机做相对运动时，接收信号的频率会发生偏移，称为多普勒频移[2]。

$$f_d = f_0 \frac{v}{c} \cos\theta \tag{5-1}$$

式中，f_0 为发射机频率；f_d 为接收机接收到的信号相对于发射机频率 f_0 的偏移量，即多普勒频移；v 为发射机与接收机相对运动的速度；c 为光速；θ 为移动方向与入射波的夹角。多普勒频移使得接收信号的频谱展宽，称为多普勒扩展（记为 σ_D），定义为多普勒频移的最大值，即

$$\sigma_D = f_{max} = f_0 \frac{v}{c} \tag{5-2}$$

从频域角度看，信道的时间选择性衰落就是由多普勒扩展引起的。若基带信

号的带宽 B_s 远大于多普勒扩展 σ_D（$B_s \gg \sigma_D$），那么多普勒扩展对通信系统造成的影响可以忽略，这种信道称为慢衰落信道；反之（$B_s \ll \sigma_D$），则称为快衰落信道。与多普勒扩展对应的时间参数称为相干时间 T_{coh}，它与多普勒扩展近似成反比，即

$$T_{coh} \approx \frac{1}{\sigma_D} \tag{5-3}$$

相干时间是信道脉冲响应保持不变的时间间隔的统计平均值，因此它直接从时域描述了无线信道特性变化的快慢。若基带信号的码元周期 T 远大于相干时间 T_{coh}（$T \gg T_{coh}$），那么在该符号传输的过程中，信道冲激响应发生改变，这将导致接收信号产生畸变，这种信道则为快衰落信道；反之，（$T \ll T_{coh}$）信道为慢衰落信道，接收信号不会产生失真。

5.2.2 频率选择性衰落

发射信号往往经历多个不同传播路径到达接收机，因此具有不同的时间延迟，这使得接收信号的能量在时间上被展宽，称为时延扩展（Δ）。时延扩展常用均方根时延扩展来描述，即

$$\Delta = \sqrt{\int_0^\infty t^2 E(t) \mathrm{d}t} \tag{5-4}$$

式中，$E(t)$ 是多径信号的功率延迟分布函数。多径效应引起的时延扩展导致发射信号中某一个符号的多径延时分量对后面符号的接收造成了严重干扰，称为码间干扰（inter symbol interfere，ISI），强的 ISI 会造成接收机符号判决性能严重下降。

从频域角度来看，多径效应会造成信号的频率分量经历不同的衰减，即信道对信号的不同频率成分具有不同的衰减，呈现出一定的频率选择性。相干带宽 B_{coh} 是描述信道频率选择性的测度，是指一定的频率范围内，任意两个频率分量具有很强的幅度相关性。它与信道时延扩展近似成反比，即

$$B_{coh} \approx 1/\Delta \tag{5-5}$$

在无线通信中，若信号的带宽 B_s 远小于相干带宽 B_{coh}（$B_s \ll B_{coh}$），则接收信号经历平坦衰落，发射信号的频谱特性在接收机中仍保持不变，然而由于信道增益的起伏，接收信号的强度会随时间变化。反之，若信号的带宽 B_s 远大于相干带宽 B_{coh}（$B_s \gg B_{coh}$），那么接收信号经历频率选择性衰落，各频率成分获得了不同的增益，信号频谱特性改变，产生信号失真，从而造成码间干扰。

5.2.3 钻杆信道的频谱资源和衰落特性

钻杆信道的特性取决于钻柱的尺寸、材质以及连接方式[3-8]。钻杆是声波遥测系统的信息传输介质，它由多根钻柱经接头连接而成。由于接头的存在，声波信号在沿钻杆传输的过程中产生严重的回响[6-8]（反射），即多径传输现象，从而造

成了数字通信中严重的码间干扰。此外,接头与钻柱连接的非均匀特性也会导致透射信号产生严重的衰减。

从频域角度看信道,钻杆幅频特性如图 5-1 所示。图中信道幅频特性呈现为通带和阻带交替出现的梳状滤波器结构,钻杆信道具有明显的频率选择性衰落特性。声波信号的能量随着钻杆长度的增加产生极大的衰减,这将严重影响声波遥测系统数据传输的可靠性。

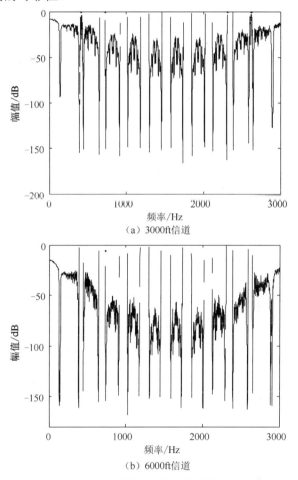

图 5-1 钻杆信道的幅频特性

在随钻声波遥测系统中,新钻柱的插入周期大约为 15min,发射机与接收机之间的相对运动很慢,因此多普勒扩展对系统的影响几乎可以忽略,即信道的脉冲响应和频率特性可以认为是不随时间改变的,或慢时变的。但是,由于泥浆介质和钻具组合都不同,这对信道的频率特性有一定的影响。因此,为了保证信息的可靠传输,应该利用训练信号定期对信道状况进行评估,利用评估结果适时地改变载波频率等发射机参数。

综上所述，根据信号参数与信道参数的关系，可以将无线信道分别在时域和频域分为四种类型（时域和频域的信道划分是等价的），划分结果如图 5-2 所示。根据上述对钻杆信道的时变特性和多径特性的分析可知，钻杆信道应属于频率选择性慢衰落信道，如图 5-2 中的阴影部分所示。

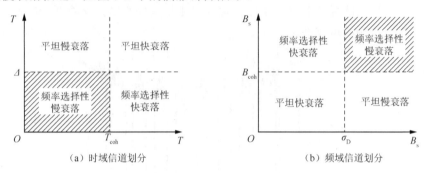

(a) 时域信道划分　　　　　　(b) 频域信道划分

图 5-2　无线信道衰落特性与信道参数的关系

从图 5-1 和图 5-2 可以看出，钻杆信道是一个传输特性极其恶劣的无线信道，这主要表现在两个方面：

（1）钻杆信道幅频特性存在通带和阻带，且通带和阻带交替出现，呈现出很强的频率选择性，这在一定程度上限制了可以利用的频谱资源；

（2）钻杆信道虽然存在多个通带，但通带内幅频特性并不平坦（出现较大的波纹，增益起伏严重），且通带内也存在很大的衰减，这可以通过 3000ft 短信道局部幅频特性看出，如图 5-3 所示。

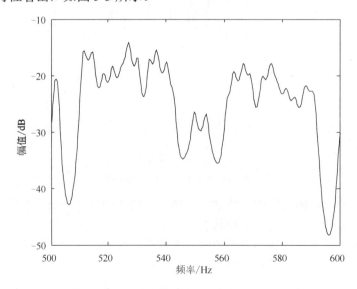

图 5-3　钻杆信道的局部幅频特性

此外，随钻声波遥测系统使用声波信号来传输有用信息，虽然图 5-1 给出了钻杆信道在 0~3000Hz 的幅频特性，但是钻杆信道的实际可用通信频带被限制在 400~1800Hz。这主要是由于两个方面的原因，如下所示。

（1）钻头噪声经过长距离的钻杆信道传输至地面接收器后会严重衰减，因此接收端的噪声主要来自于地表的机械噪声[9-11]。通过对大量实测的地面噪声的谱分析发现，地表噪声能量主要集中 400Hz 以下的频段，因此为了尽可能地抑制噪声的干扰，声波遥测系统一般不使用该频段。

（2）虽然声波频率理论上可以高达 20kHz，由于钻杆接头不断的反射作用，当声波频率大于 2000Hz 时，声波能量很快衰减耗尽。

由上述关于钻杆信道的衰落特性和频谱资源的分析表明，钻杆信道是一个有效频带资源极其有限，且具有很强的频率选择性衰落的慢时变信道。这样的信道特性要求实际中使用的数据传输技术必须同时具备两个特点：①具有很高的频谱利用率；②能够很好地对抗由信道的频率选择性衰落导致的码间干扰。

针对钻杆信道，本项目采用 OFDM 技术作为主要的数据传输技术。OFDM 是一种具有代表性的多载波调制技术，它主要有两个优点：①OFDM 技术将整个通信信道分割成 N 个相互正交的子信道，即将基带信号分配到频率上等间隔的 N 个子载波上同时发送，实现 N 个子信道并行传输信息。这样每个符号的频谱只占用信道带宽的 $1/N$，因此 OFDM 系统具有极高的频谱效率。②整个通信信道的衰落具有很强的频率选择性，但对每一个子信道而言，其幅频特性可近似认为是平坦的，即每个子信道传输的信号经历了平坦衰落，因此 OFDM 系统可以很好地对抗由信道的频率选择性衰落引起的码间干扰。

综上所述，OFDM 很适合作为钻杆信道的声波信息传输技术。然而由于恶劣的信道特性，为了确保钻杆信道上数据传输的可靠性和高效性，必须对 OFDM 系统的各种参数进行合适的选择，并采用优化的编码方案和功率分配方案。

5.3 数据传输方案

前面关于钻杆信道的特性分析表明，钻杆信道是一个频谱资源有限，且具有严重频率选择性衰落的慢时变信道。本节分别从 OFDM 的基本原理、参数选择、声波遥测系统结构、接收机灵敏度等方面对利用 OFDM 技术进行数据传输的方案进行详细的说明。

5.3.1 OFDM 的基本原理

传统的单载波调制系统采用一个正弦振荡作为载波，将调制信号调制到此载波上，若信道特性不理想，会造成接收数字符号严重的码间干扰，从而产生信号失真，因此对于单载波系统，必须使用信道均衡来对码间干扰进行有效的补偿。OFDM 是一种多载波调制技术，它将信道分成若干正交子信道，将高速数据信号转换成并行的低速子数据流，调制到每个子信道上进行传输。若子信道的带宽足够小，则可以认为子信道特性接近理想信道，进而可以忽略子信道上的码间串扰[12-14]。

1. OFDM 调制

假设在一个 OFDM 系统中有 N 个子信道，分配给每个子信道的数据符号为 d_n（$n=0,1,\cdots,N-1$），各子载波频率分别为 f_n（$n=0,1,\cdots,N-1$），并将数据符号调制到相应的子载波上（调制方式可不同，如相位键控（PSK）或者正交幅度调制（QAM）），那么 OFDM 信号 $s(t)$ 就是上述已调信号的和，表示成[13]

$$s(t)=\sum_{n=0}^{N-1}\sqrt{P_n}d_n\cos(2\pi f_n t), \quad 0<t<T \tag{5-6}$$

式中，P_n 表示第 n 个子载波上发送的信号功率；T 表示每个 OFDM 符号的持续时间。

令 $A_n=\sqrt{P_n}d_n$，将式（5-6）改写成

$$s(t)=\sum_{n=0}^{N-1}A_n\cos(2\pi f_n t) \tag{5-7}$$

OFDM 要求子载波是相互正交的，进而在接收端利用子载波的正交性恢复每一个并行支路的数据符号。在码元持续时间 T 内任意两个子载波都正交的条件是

$$\int_0^T \cos(2\pi f_m t)\cos(2\pi f_n t)\mathrm{d}t=0, \quad m\neq n \tag{5-8}$$

要求子载频满足

$$f_n=\frac{k}{2T}, \quad k \text{ 为整数} \tag{5-9}$$

子载频间隔满足

$$\Delta f=q/T, \quad q \text{ 为整数} \tag{5-10}$$

2. OFDM 解调

利用 OFDM 信号中子载波的正交性，可以对式（5-7）中各子载波上的数据符号进行相干解调。以第 j 路数据的解调为例，将接收信号与该路解调载波 $\cos(2\pi f_j t)$ 相乘，再将结果在 OFDM 符号的码元周期 T 内进行积分有

$$\frac{1}{T}\int_{t_s}^{t_s+T}\cos(2\pi f_j t)s(t)\mathrm{d}t=\frac{1}{T}\int_{t_s}^{t_s+T}\cos(2\pi f_j t)\sum_{n=0}^{N-1}A_n\cos(2\pi f_n t)\mathrm{d}t=\frac{A_j}{2} \tag{5-11}$$

式中，t_s 表示 OFDM 符号的开始时刻。由式（5-11）可以看出，当 N 路子载波相互正交时，使用相干解调可以恢复出每一路子载波上的数据符号。图 5-4 给出了 OFDM 系统的调制和解调框图。

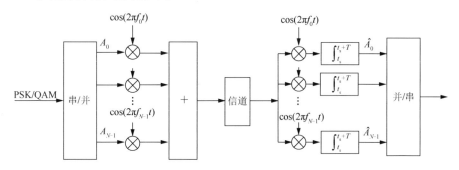

图 5-4 OFDM 系统的调制与解调

3. OFDM 的频带效率

设 OFDM 系统有 N 路子载波，每个子载波上均使用 M 进制的调制方式，子信道码元周期为 T，则 OFDM 系统占用的频带宽度为

$$B_{\text{OFDM}} = \frac{N+1}{T} \tag{5-12}$$

系统的比特率为

$$v_{\text{OFDM}} = \frac{N \log_2 M}{T} \tag{5-13}$$

频带效率定义为单位带宽（1Hz）传输的比特率为

$$\eta_{\text{OFDM}} = \frac{v_{\text{OFDM}}}{B_{\text{OFDM}}} = \frac{N}{N+1} \log_2 M \tag{5-14}$$

若采用单载波的 M 进制调制得到相同的系统比特率，那么每个码元的周期应缩短为 $\frac{T}{N}$，单载波系统的带宽为 $\frac{2N}{T}$，则频带效率为

$$\eta = \frac{1}{2} \log_2 M \tag{5-15}$$

比较式（5-14）和式（5-15）可知，当 OFDM 系统的并行支路较多时，相同传输速率下，OFDM 系统的频谱效率大约可以达到单载波系统的 2 倍。

5.3.2 钻杆信道下 OFDM 的参数选择

OFDM 系统中存在多个参数，这些参数取值的不同将导致数据传输系统性能的差别。对于周期性级联的钻杆信道而言，OFDM 参数应根据钻杆信道的特性进行确定。

1. 子载波间隔 Δf

为了确保子载波的正交性，子载波间隔必须满足 $\Delta f=q/T$，q 为整数。钻杆信道可利用的频谱资源极其有限，因此要最大限度地利用有效的频谱资源。

2. OFDM 符号周期 T

OFDM 符号周期也就是每一个并行支路的数据符号周期，它决定了系统的数据传输速率，T 越小，则数据传输速率越高。然而 OFDM 的优点就在于将高速率的比特流分配到多个并行支路上传输，每个并行支路的符号周期成倍增加，以此来对抗码间干扰，因此 T 太小将减弱 OFDM 系统抵抗码间干扰的能力。通过对钻杆信道的特性分析可知，钻杆信道是一个码间干扰相当严重的多径信道，因此 T 的取值不能太小。钻杆信道的最大多径时延 τ_{max} 大约为 $0.1s$[11]，那么取 $T=k\tau_{max}$ 比较合适，其中 k 为正整数。另外，考虑到子载波间隔为 $\Delta f=q/T$，若 k 过大，则导致子载波间隔太小，从而使 OFDM 系统的性能对多普勒频移相当敏感，因此 k 不能太大。

3. 采样频率 F_s 和 IFFT 点数 L

信道中传输的连续信号 $s(t)$ 是由 OFDM 离散样本值 $s(l)$ 经 D/A 转换得到的，因此必须确保连续信号 $s(t)$ 和样本序列 $s(l)$ 携带相同的信息，那么 OFDM 系统的采样频率 F_s 必须满足奈奎斯特定理的要求，又由于每个 OFDM 符号周期内包含的样本数为 $L=TF_s$，在实际系统中，一般都使用过采样来提高数据处理精度，那么 L 将远远大于子信道数目 N 的 2 倍。

4. 循环前缀的时间宽度 T_g

在 OFDM 符号前插入保护间隔是为了最大限度地消除码间干扰，使用循环前缀作为保护间隔既能消除码间干扰，又能确保子载波的正交性，因此循环前缀的长度 T_g 越大，系统抗码间干扰的能力越强，那么 T_g 应该不小于最大时延扩展，即 $T_g \geqslant \tau_{max}$。但是，T_g 也并非越大越好，由式（5-28）可知，插入循环前缀导致信息速率损失较大[15]。

5. 子载波的调制方式

OFDM 系统允许各子信道使用不同的载波调制方式，每个子信道的调制阶数越高，则整个系统的数据速率就越高。然而，考虑到钻杆信道的传输特性不理想，具有很强的频率选择性，因此为了确保数据传输的可靠性，使用低阶的调制方式。这里使用 BPSK 调制方式，它可以结合自适应技术，获得更快、更可靠的数据传输。

5.3.3 OFDM 声波遥测系统结构

OFDM 声波遥测系统框图如图 5-5 所示。图 5-5 的上半部分是发送机的框图，而下半部分是接收机的框图。实现 OFDM 调制和解调的快速傅里叶逆变换（inverse fast Fourier transform，IFFT）和快速傅里叶变换（fast Fourier transform，FFT）运算非常类似，因此合并在一个框图内，用相同的硬件来实现。

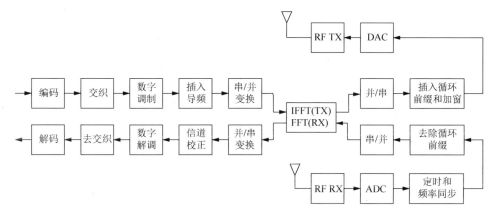

图 5-5 OFDM 声波遥测系统框图

对仿真框图中的某些环节做如下说明。

（1）在发送部分，编码前应包括模拟信号的采样和量化，仿真中应该予以考虑。

（2）发送部分中的编码和交织主要指信道纠错编码，从而降低钻杆信道的突发错误和随机错误。

（3）数字调制可以使用各种数字调制方式，如 MPSK、MQAM 等多进制调制方式。但对于具有严重衰减和频率选择性衰落的钻杆信道而言，这里仅考虑了 BPSK 和 QPSK 两种低阶的调制方式。此外，在仿真中，数字调制部分还包含自适应调制和功率分配方案（联合信源信道编码）。

（4）插入导频信号主要是为了进行信道估计和校正。由于钻杆信道的频率特性极其恶劣，进行信道估计意义不大，但使用训练符号进行信道状况评估是必要的。

（5）接收部分是发送部分的反过程，其各部分框图一一对应。需要指出的是，利用循环前缀的周期性可以进行 OFDM 的符号同步和定时，因此接收部分在去除循环前缀前，可利用循环前缀完成定时和符号同步。然而，这是硬件实现中应该考虑的问题，本章的仿真不考虑。

5.3.4 OFDM 接收机灵敏度

接收机灵敏度用来衡量接收机接收微弱信号的能力，灵敏度用接收机输入端的最小可检测信号功率 $S_{i\min}$（W）表示。在噪声背景下检测信号，接收机输出端不仅要使信号放大足够的数值，更重要的是使输出信噪比 S_o/N_o 达到要求的比值，通常接收机进行符号判决的性能取决于信噪比。

接收机噪声系数 F 定义为接收机输入信噪比（S_i/N_i）与输出信噪比（S_o/N_o）的比值，即

$$F = \frac{S_i/N_i}{S_o/N_o} \tag{5-16}$$

那么，接收机输入信号的额定功率为

$$S_i = N_i F \frac{S_o}{N_o} \tag{5-17}$$

式中，$N_i = kT_0B$ 为输入端的额定噪声功率（接收机内部噪声），$k = 1.38 \times 10^{-23}$ J/K 为玻尔兹曼常数，T_0 为接收机电阻温度，用热力学温度（K）计量，对于室温 17℃，$T_0 = 290$K，B 为接收机带宽。为使接收机的性能达到一定的要求，接收机的输出必须提供足够的信噪比。令 $(S_o/N_o)_{\min}$ 为接收机正常工作时的最小信噪比，那么接收机灵敏度为

$$S_{i\min} = N_i F \left(\frac{S_o}{N_o}\right)_{\min} \quad (W) \tag{5-18}$$

对于提出的基于 OFDM 的数据传输方案，接收机正常工作的最小信噪比为 -10dB，噪声系数 F 一般大于 1，它衡量了接收机内部噪声使信号接收性能变差的程度，$F=1$ 为理想接收机。那么接收机灵敏度用分贝数表示为

$$S_{i\min}(\text{dBmW}) = 10\lg\frac{S_{i\min}(W)}{10^{-3}} (\text{dBmW}) \tag{5-19}$$

令 $F=2$，声波遥测系统接收机带宽 $B=1400$Hz，可计算出基于 OFDM 的数据传输系统接收机灵敏度为

$$S_{i\min}(\text{dBmW}) = -149.5\text{dBmW} \tag{5-20}$$

5.4 自适应载波分配与功率分配技术

接收端的信号重构误差（均方误差 MSE）是衡量数字通信系统可靠性的重要指标。在随钻声波遥测系统中，信号从发送端到接收端的总失真表征了钻井通信

系统的可靠性。从 5.2.3 小节关于钻杆信道的衰落特性分析可以看出,钻杆信道是一个具有很强的频率选择性衰落的无线信道,因此设计的基于 OFDM 的声波遥测系统往往具有较高的误码率。通常情况下,数字系统较高的误码率会导致端到端的信号畸变越来越严重,从而严重影响随钻声波遥测系统的可靠性。然而,在系统误码率保持不变的条件下,总是可以通过数据分配和功率分配技术来降低端到端的信号失真,从而改善随钻声波遥测系统的可靠性。

在传统的无线通信系统中,都是以最差情况下的信道为目标设计信号传输技术,系统包含了很多用来克服最差条件的开销,即使在信道条件较好的情况下,这些额外的开销依然存在,即采用的数据传输技术的各项参数在数据传输的过程中是固定不变的,这必然导致无线通信系统较低的资源利用率。若能够适时地改变传输技术中的各项参数,那么系统资源的利用率就可以得到极大提高。

无线通信中的自适应技术根据信道状况的不同和变化自适应地改变调制方式(调制阶数)、编码速率、发送功率等参数,以便极大限度地发送信息,从而有效提高系统资源利用率。将自适应技术与 OFDM 相结合,可以根据各子信道状况在不同的子载波上使用不同的调制方式和分配不同的发送功率。本节将讨论基于 OFDM 的声波遥测系统,在误码率保持不变的条件下,如何使用自适应技术来进一步降低系统端到端的信号失真。

5.4.1 自适应技术的理论基础

OFDM 系统把一个具有频率选择性的宽带信道划分为若干个平坦的窄带子信道,其优点就是能够根据各个子信道的实际传输情况灵活地分配信息比特和发送功率,从而更加有效地利用无线资源。在带限信道上实现理论信道容量的最佳输入功率分布应该满足"注水"分布[16,17],即

$$S_x = \begin{cases} P - \dfrac{N(f)}{|H(f)|^2}, & f \in B \\ 0, & f \notin B \end{cases} \quad (5\text{-}21)$$

式中,B 为信道带宽;P 为发送总功率;$N(f)$ 为噪声功率谱密度;$H(f)$ 为信道传递函数。从式(5-21)可以看出,各子载波上的最佳功率分配遵循"优质信道多传送,较差信道少传送,劣质信道不传送"的原则。OFDM 系统的自适应技术就是通过对无线信道的实时监测,根据信道状况不断地调整子载波与比特分布,从而使功率分布尽量逼近最佳输入功率分布。

在随钻声波遥测系统中,井下的各种传感器采集到的连续信号要先通过采样、量化和编码后才能在数字系统中传输,量化和编码一般采用传统的脉冲编码调制(pulse code modulation,PCM)技术。然而,经 PCM 编码器量化和编码后的输出

信息比特并不是同等重要的，其中采样值对应信息比特的最高位（MSB）在信号恢复中起决定性作用，而信息比特的最低位（LSB）对信号恢复的影响很小。例如，使用一个 8 位字长的 PCM 编码器对样本值 129 进行编码，结果为

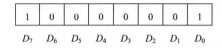

若样本值最高位（D_7 位）在传输中发生差错（1→0），那么在接收端恢复的该样本的值为 1，另外，若样本值最低位（D_0 位）在传输中发生差错（1→0），那么在接收端恢复的该样本的值为 128。可见样本值高位对信号畸变程度的影响比样本值低位要大得多。因此，在基于 OFDM 的声波遥测系统中，应该更加注重对信号高位的保护，即对不同的信息比特位使用不等的误差保护策略，这样就可以在 OFDM 系统总误码率不变的条件下，减小信号端到端传输的总失真。不相等的误差保护可以通过将样本值高位分配到更可靠的子信道上，并使用较大功率发送，由于受到系统资源的限制（总功率和系统频带），可以将样本值低位分配到可靠性较低的子信道，并使用较小功率发送。因此，这里的自适应技术主要涉及载波分配（或信息比特分配）和功率分配问题。

5.4.2 基于模糊逻辑的比特分配和功率分配

由于端到端的信号总失真仅与量化字长有关，量化字长越大，量化引入的误差越小。对于足够大的量化字长，量化引入的误差完全可以忽略，但是量化字长又不宜过大，因为过大的量化字长会使发送端待发送的比特数较多。

由信道衰落引入的信号畸变是端到端信号失真的最主要成分。利用自适应技术来减小这部分信号失真是改善基于 OFDM 的声波遥测系统数据传输性能的关键。根据自适应技术的原理，减小由信道衰落引入的信号失真的方法可以概括为：对于较重要的信息比特，使用较大的发射功率在较可靠的子信道上传输。

由上述最优传输原则可以看出，该原则中存在多个模糊量，如重要和不重要、功率大和小、子信道可靠与不可靠。因此，可以使用模糊推理系统来进行比特和功率的分配，其基本思路如下所示。

（1）首先利用训练信号来评估可利用的各子信道的优劣状况，是否优劣主要由信道误码率来衡量，并将可利用的子信道载波频率按照从劣到优排序（即误码率从大到小）。

（2）对待发送的比特流中的每一个比特位，建立能够衡量其重要性的指标。每个比特位重要与否应该取决于两个参量：①该比特位所属信号的权重 α_m；②该比特位在所属样本中的权重（即属于样本的高位还是低位）。

（3）建立模糊推理系统，系统根据每个比特位的重要性参数值来分配合适的子载波和发送功率。

图 5-6 给出了在 OFDM 声波遥测系统中加入比特分配和功率分配环节的系统框图。从图中可以看出，比特分配的实质仅是改变了并行比特的顺序，将一组并行比特中较重要的位安排到较可靠的子信道上。因此在接收端，应该对数字解调后的并行比特进行去分配，这样才能确保恢复的比特流中比特的顺序与发送的比特顺序相同，从而完成正确的信号样本值恢复。

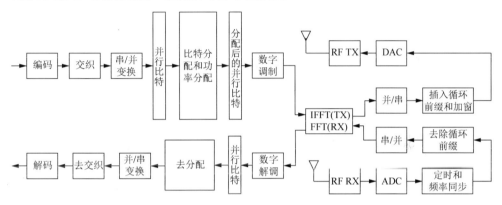

图 5-6 带有比特分配和功率分配的 OFDM 声波遥测系统框图

模糊系统的输出为取值在[0 1]的参量 η，比特 b 越重要，其对应的模糊系统输入 α 和 β 越大，最终使模糊系统输出 η 越接近 1，表明应该为比特 b 分配误码率较小的子信道，即分配已经从劣到优排好顺序的子信道中下标靠后的子信道。当一个子载波被分配给某一个比特位后，它就应该从子载波集合中删除掉，从而避免同一子载波的重复分配。

将模糊系统的输入 α 模糊化为 4 个语义值：[UnImp,Com,Imp,EImp]，分别表示不重要、一般、重要和极其重要,位权值 β 模糊化为 8 个语义值：[LSB,LSB1,LSB2,LSB3,MSB3,MSB2,MSB1,MSB]，分别表示从最低位到最高位。模糊系统的输出 η 模糊化为 8 个语义值：[worst,worse,bad,com,good,better,subopt,opt]，分别表示从最差到最优。因此，模糊系统具有 4×8=32 条模糊推理规则，如表 5-1 所示。

表 5-1 模糊推理规则

α \ β	LSB	LSB1	LSB2	LSB3	MSB3	MSB2	MSB1	MSB
UnImp	worst	worst	worse	worse	bad	good	better	subopt
Com	worst	worse	bad	com	good	better	subopt	opt
Imp	worst	bad	com	com	good	subopt	opt	opt
EImp	com	good	better	better	subopt	opt	opt	opt

表 5-1 的模糊推理规则可描述为：if α is Imp and β is MSB3, then η is good。模糊推理系统的输入变量与输出变量的隶属度函数以及输入输出关系曲面分别如图 5-7 和图 5-8 所示。

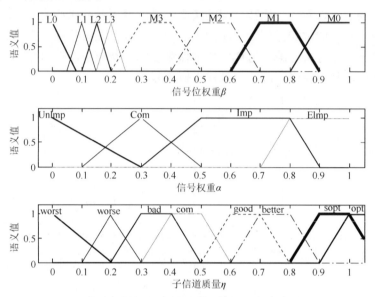

图 5-7　输入和输出量的隶属度函数曲线

注：LSB，LSB1，LSB2，LSB3，MSB3，MSB2，MSB1，MSB0，简写为 L0，L1，L2，L3，M3，M2，M1，M0

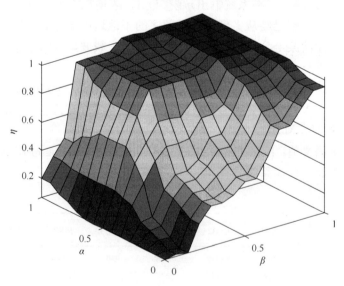

图 5-8　模糊系统输入输出关系曲面

从图 5-7 可以看出，这里使用的隶属度函数均为三角形函数和梯形函数，也可以使用其他类型的隶属度函数，但比特分配的效果基本相当。从图 5-8 可以看出，越重要的信号的样本值高位越会分配最优的子信道，越不重要信号的样本低位越会分配最差的子信道。使用提出的模糊系统便可以完成每一个比特的载波分配。需要指出的是，单个子信道功率的分配与比特分配遵循相同的原则，因此使用上面的模糊系统也可以完成自适应功率分配。

5.4.3 基于扩频码的比特分配和功率分配

在基于 OFDM 的声波遥测通信系统中，进行比特分配和功率分配的原因有两方面：一方面，待传送的比特流中的比特位不是同等重要的，对测井意义重大的测量信号的样本值高位往往具有支配地位，在数据传输中应该给予重点保护；另一方面，OFDM 系统中能够利用的子信道的优劣状况也并不相同，它们往往具有不同的误码率。正是由于这两方面的原因，才有必要将重要程度不同的比特位分配到优劣状况不同的子信道上，并使用不同的发送功率来传输。

若能够对信源进行二次编码（扩频码），使编码后的比特位具有相同的重要程度，或在一定程度上减弱原比特位之间的重要性差异，那么就可以避免进行复杂的比特分配和功率分配，从而降低发射机和接收机的复杂度。此外，设计的扩频码往往具有一定的纠错能力，即使 OFDM 系统中各子信道具有不同的误码性能，利用扩频码也能够检测出传输中的错误，并对其进行纠错，最终得到正确的码字。

本小节提出一种扩频码技术，信源经扩频编码后得到的信息码字具有近似同等重要的地位，因此可以避免进行比特分配，而子信道发送功率也完全可以使用等功率分配。具体的实现步骤如下所示。

（1）对待发送比特流进行二次扩频编码，将比特流中的"0"用十六进制数 7A58H 表示，将比特流中的"1"用十六进制数 85A7H 表示。

（2）对扩频后的比特流使用 OFDM 声波遥测数字传输系统进行传送，在接收端进行符号判决，并对判决后的比特流进行解扩，方法是将连续的十六个二进制位分成一组，将每一组二进制数与 7A58H 进行异或运算，并计算结果中含有"1"的个数 N，若 $N \leqslant 7$，则将该 16 个二进制数判决为比特"0"，否则判决为比特"1"。

由步骤（1）可知，扩频码事实上为 7A58H，图 5-9 给出了使用该扩频码进行直接序列扩频的一个例子，从图中可以看出，该扩频码的一个码片序列中"1"和"0"的个数相同，均为 8 个，因此该扩频码最多能够同时纠正码元中的 7 个随机错误，这在一定程度上弥补了因信道优劣状况不同导致的信号畸变。

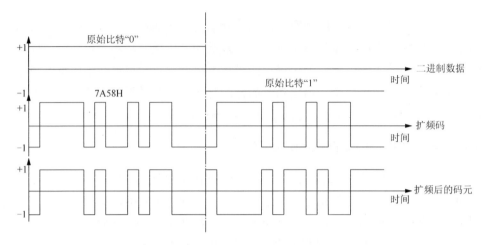

图 5-9 扩频信息的生成

图 5-10 给出了基于扩频码的 OFDM 声波遥测系统框图,与图 5-6 的区别仅在于,在发送端进行信源编码、信道交织后,对信息比特重新进行了扩频,并能够在接收端对扩频信息比特进行译码,从而恢复原始比特流。需要指出的是,扩频码的使用降低了发射机和接收机的实现复杂度,而且扩频码的纠错能力也提高了数据传输的可靠性,但是仍需注意两点:①扩频码的使用使原始数据比特数成倍增加,那么发送相同的信息需要消耗更多的井下电力资源;②某一信息符号对应的扩频码内的比特位是完全平等的,没有重要性的差别,然而不同原始信息符号具有不同的地位,因此不同信息符号对应的扩频码仍然有一定的重要性差别,若能将扩频码与模糊比特分配相结合,则有希望进一步降低端到端的信号失真。

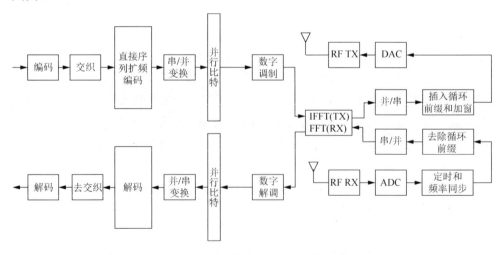

图 5-10 基于扩频码的 OFDM 声波遥测系统框图

5.5 传输方案的仿真及结果分析

本节仿真中使用了两个模拟的不同深度（3000ft 和 6000ft）的钻杆信道，其幅频响应如图 5-1 所示。仿真目的主要是验证提出的数据传输方案的可行性，并给出传输性能指标。仿真中主要使用以下三个性能指标：

（1）数据传输速率 v；

（2）误码率（symbol error rate，SER）和误比特率（bit error rate，BER）；

（3）均根误差（root mean square error，RMSE）。

5.5.1 传输方案的可行性测试

首先提出的方案是测试在两个不同深度的钻杆信道上的可行性。图 5-11 给出了使用 8 个相邻子信道传输极性交替的 BPSK 符号（+1，−1，+1，−1，…）的接收结果，其中信噪比为 10dB，使用的子载波频率为 550~557Hz。对于 3000ft 的钻杆信道，循环前缀为 OFDM 符号长度的 1/10，对于 6000ft 的钻杆信道，循环前缀长度为 OFDM 符号长度的 1/4，后面仿真的循环前缀长度与此相同。

从图 5-11 可以看出，某些子载波上接收到的数据符号与原发送符号有 180°相位旋转（例如，对于 3000ft 信道，在载频为 551~553Hz，556~557Hz 的子信道上接收符号与发送符号极性相反），这是由信道附加相位造成的结果。由信道相频特性可知，对于不同频率的载波，信道对其产生的旋转相位不同，若在某一个子信道频带内，信道相位处于 $\left[-\dfrac{\pi}{2}, \dfrac{\pi}{2}\right]$，则造成的子载波相移不足以改变 BPSK 符号的极性；反之，若相移大于 $\dfrac{\pi}{2}$，则 BPSK 符号极性发生反转。因此，为了得到可靠的符号判决，必须对接收信号的载波相位进行校正，以此来补偿信道的附加相位，这可以通过发送训练符号的方法来达到。一般情况下，发射机应该通过周期性发送训练符号来补偿信道相位，然而钻杆信道是慢时变信道，因此在发送有用数据前，仅发送一次训练符号即可，或者可以选择较大的周期来发送训练符号。

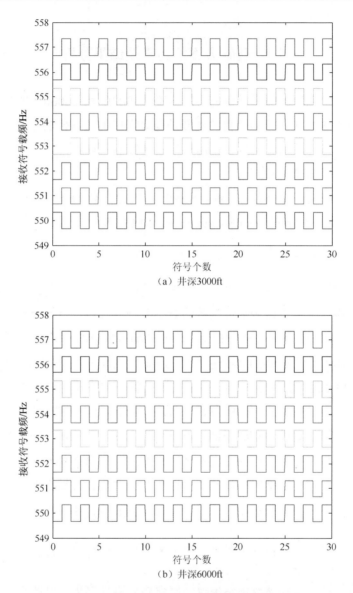

图 5-11 极性交替的 BPSK 符号在多个并行子信道上的接收结果（SNR=10dB）

图 5-12 和图 5-13 使用随机产生的 BPSK 符号来分别验证在两个不同深度的信道下，提出方案的可行性。仿真结果对接收载波相位进行了补偿，可以看出，利用训练符号对信道附加相位进行校正后，接收符号的误码率明显下降。对于载波频率为 553Hz 的子信道的传输误码率为 50%，555Hz 和 559 Hz 子信道的传输误码率分别为 10% 和 6.7%。其余子信道均没有误码，多次仿真结果也基本一致。而对于较长距离（6000ft）钻杆信道，因其衰减相当严重，在同样的 10dB 信噪比下进

行仿真，11 个子载波信道都出现误码，最低误码率达到 3%以上，多次仿真，并且减少噪声影响，结果却变化不大，如图 5-13 所示。虽然图 5-11（b）正负极性交替的符号在此信道上传输有较好的性能，但图 5-13 随机序列的传输性能却变得很差。因此，对于长距离钻杆信道，利用本书所选择的 OFDM 参数与调制解调技术，信息传输在 550～560 Hz 的频点上基本是不可靠的。

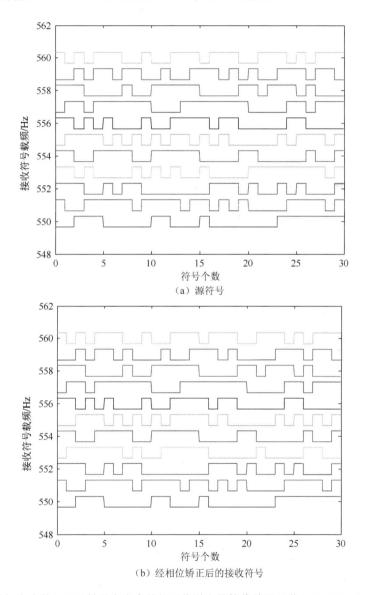

图 5-12 随机产生的 BPSK 符号在多个并行子信道上的接收结果（井深 3000ft，SNR=10dB）

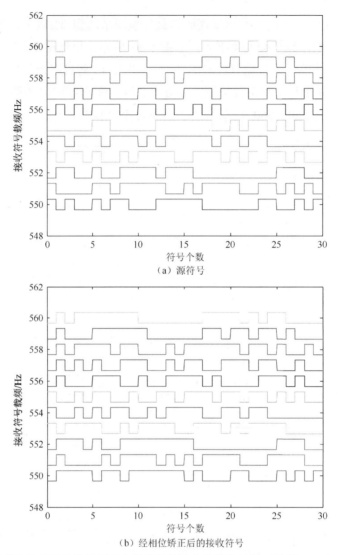

图 5-13　随机产生的 BPSK 符号在多个并行子信道上的接收结果（井深 6000ft，SNR=20dB）

5.5.2　钻杆信道衰减测试

下面测试钻杆信道对不同子载波信号的衰减情况，为子载波功率分配提供建议。由于井下电力资源有限，在发射总功率固定的前提下，要达到可靠、高速的信息传输，就必须了解钻杆信道对各子载波的衰减。仿真仅对可用的 400～1800Hz 频段内的子载波信号的衰减情况进行仿真研究。图 5-14 为子信道 OFDM 信号的声谱图，其中横坐标为接收的符号个数所占用的时间，仍以符号个数标示。

图 5-14 给出了使用子信道载波频率分别为 450～580Hz，800～850Hz，950～1000Hz，1050～1090Hz，1350～1370Hz 以及 1500～1580Hz 频段的 OFDM 信号

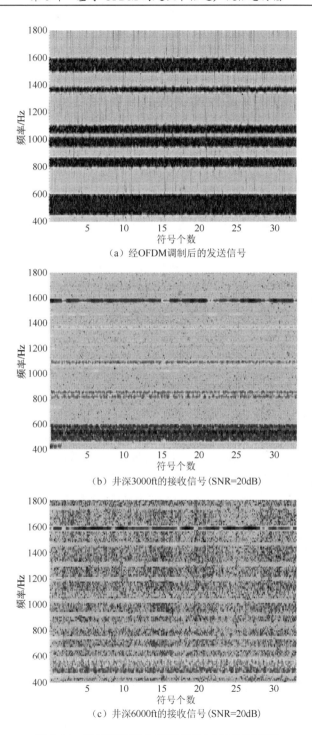

图 5-14 发送端和接收端的 OFDM 信号声谱图

声谱图,其中两个不同深度钻杆信道的信噪比均为20dB,并且对每个子载波使用了均等的功率分配。对于3000ft的钻杆信道,可以看出,信道对于450~580Hz和1500~1580Hz的部分频段的衰减较小,该频段信号能量能够顺利通过并到达接收端,而对其他频段均有不同程度的衰减,尤其是950~1000Hz以及1500~1550Hz频段内的信号被完全衰减,注意到这两个频段对应钻杆信道的阻带,其他四个频段对应钻杆信道的通带。而对于6000ft的钻杆信道,几乎只有450~580Hz频段内的信号可以通过信道传输,其他频段信号均消失,这主要是由于6000ft信道长度增加,即使在通带内,信号的衰减亦相当严重。

根据上述结果可以得出如下结论。

(1) 对于3000ft的钻杆信道,虽然通带内信号有一定程度的衰减,但并不足以影响符号的判决结果。为了能够在固定发射总功率的前提下,使得数据速率和误码率均能够得到提高,可以通过非均匀功率分配来实现。例如,对于450~580Hz频段分配较小的功率即可,对于信号衰减较大的通带则分配较大的功率以确保接收端符号判决的可靠性,而对于阻带则关闭使用,即不分配功率。

(2) 对于6000ft钻杆信道,能够直接使用的频段仅为450~580Hz,若要使用其他通带来提高数据速率,那么必须使用中继器来补偿信号能量的衰减,但中继器的使用改变了信道结构,也必然改变了信道的频率特性,因此对于6000ft信道建议仅使用400~600Hz频段。

需要指出的是,通带内的信号能够顺利通过信道传输并不代表每个子信道具有相同的数据传输性能。仿真发现,某些通带内的子信道具有很高的误码率,如图5-13所示的仿真结果,这主要是由于通带内的幅频特性有明显的波纹,通带内增益起伏较大。对于较平坦的子信道,其数据误码率较低,而对于不平坦的子信道,其误码率则较高。因此,对于OFDM声波遥测系统而言,充分的信道状况评价是完成高效可靠的信息传输的前提。

5.5.3 子信道误码率状况

下面测试400~1800Hz频段内各子信道的误码率,对各子信道的数据传输状况进行评价。

使用随机产生的数据符号,图5-15给出了两个不同深度钻杆信道频率特性及在每个子信道上的误码率。对于3000ft信道,其通带误码率明显低于阻带,而且在每一个通带的谱峰附近的子信道上误码率较低,这主要是由于两个原因:①谱峰位置信号衰减较小,信号能够顺利通过;②谱峰附近的子信道幅频特性比较平坦,增益起伏小。因此这些子信道上的信号经历了平坦衰落,其码间干扰几乎可以忽略。对于6000ft钻杆信道,只有400~600Hz通带上的某些子信道具有可以接受的误码率性能,其他通带由于衰减严重,其子信道误码率很高。

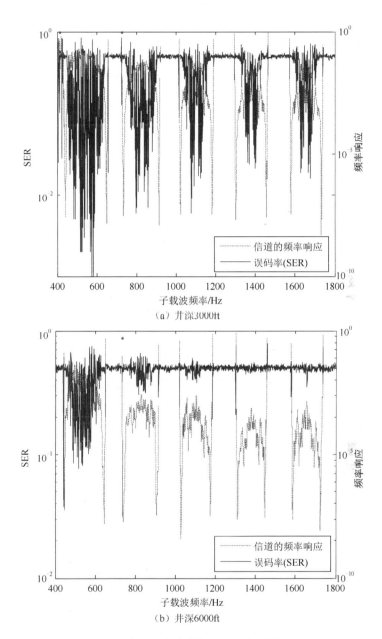

图 5-15 钻杆信道频率特性及各子信道的误码率

理论上讲,若每个子信道均采用 BPSK 调制,那么基于 OFDM 的钻杆信道数据传输速率可以达到 1.4kbit/s,但实际中进行子信道性能评估后,某些子信道将被关闭,那么实际中的数据传输速率远达不到最高值。对子信道传输性能的评估可以通过发送训练符号来完成，通过选择两个误码率门限 $\varepsilon_1 = 0.1$，$\varepsilon_2 = 0.01$，对两个不同深度的钻杆信道可以得到两组性能不同的子载波频率集合，记为 f_{31}、f_{32}、f_{61} 和 f_{62}，它们与误码率门限的关系可表示为（以 f_{31} 为例）$\mathrm{SER}(f_{31}) \leqslant \varepsilon_1$，数据传输速率分别可达 $v_{31} = 230\mathrm{bit/s}$，$v_{32} = 65\mathrm{bit/s}$，$v_{61} = 58\mathrm{bit/s}$，$v_{62} = 14\mathrm{bit/s}$。

图 5-16 给出了在 3000ft 的钻杆信道上使用子信道 f_{31} 传输信号的声谱图。图 5-17 是在 6000ft 的钻杆信道上使用子信道 f_{61} 传输信号的声谱图。这两幅图的横坐标都是时间概念，均标示为符号个数。可以看出，这些通过误码率门限选出的子信道有一个共同特点，就是其信号衰减较小，能够确保通过足够的信号能量来完成符号判决。

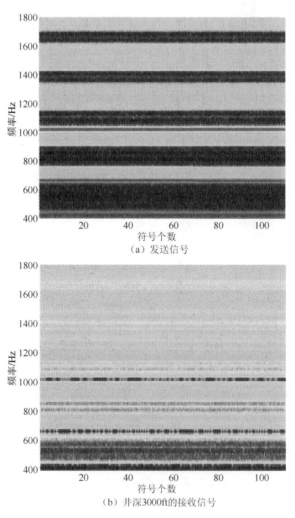

图 5-16　子信道 f_{31} 上传输 OFDM 信号的声谱图

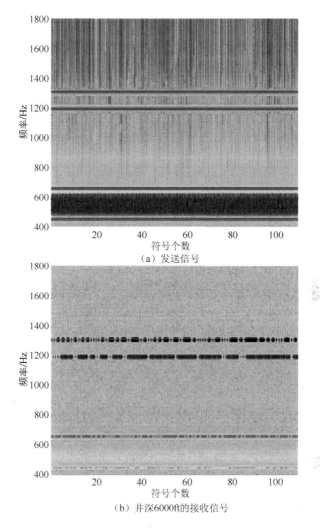

(a) 发送信号

(b) 井深6000ft的接收信号

图 5-17 子信道 f_{61} 上传的 OFDM 信号的声谱图

图 5-18 给出了在两个不同深度钻杆信道上分别使用子信道 f_{31} 和 f_{61} 传输数据符号的误码率。可以看出，使用这些子信道可以得到比较满意的数据速率，但误码率较高，数据传输的可靠性较差，尤其对于 6000ft 的信道，其误码率很难满足实际系统的性能要求。可以预见，若选择子信道 f_{32} 和 f_{62}，那么其误码率性能将得到很大的提高，但数据速率只能分别达到 65bit/s 和 14bit/s。

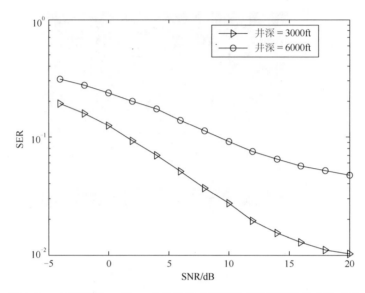

图 5-18　在子信道 f_{31} 和 f_{61} 上传输符号的误码率随信噪比的变化曲线

5.5.4　传输方案的总体信号失真

　　本实例的目的是测试提出的信号传输方案导致的端到端的总体信号失真，即 NRMSE。由于误码率只能说明数字传输系统的可靠性，它不能衡量模拟信号总的信号畸变，具体地讲，较大的误码率并不一定导致较大的信号畸变，而较小的误码率也并不一定造成小的信号失真，信号失真的大小还与传输错误的比特位的重要性有关，若某一样本数据的高位传输发生差错，那么就会造成该样本较大的失真，而低位的差错对信号失真的影响较小。此外，总的信号畸变 NRMSE 还与信号的量化误差有关，因此有必要对提出方案的信号传输总体失真做仿真研究。

　　图 5-19 给出了在 3000ft 钻杆信道上使用子信道 f_{32}，在 6000ft 信道上使用子信道 f_{62}，两种不同信噪比情况下通过钻杆传输一个模拟的采样信号的信号恢复结果，其中模拟的待传输信号是一个在孕妇腹部测量的心电图信号，采样频率为 250Hz，由图 5-19（a）可明显看到母亲和胎儿心跳。当 SNR=20dB，量化使用 8 位 A/D 字长时，在 3000ft 信道上信号恢复的均方根误差为 NRMSE=0.8292；当 A/D 字长为 16 位时，NRMSE=0.0012。可见，量化误差对于 NRMSE 的影响并不大。图 5-19 中显示，对于 3000ft 钻杆信道，即使信噪比为 0dB，其信号保真度也能满足实际需要，但对于 6000ft 钻杆信道，即使在 20dB 信噪比下，其数据误码造成的信号失真都是不能接受的。

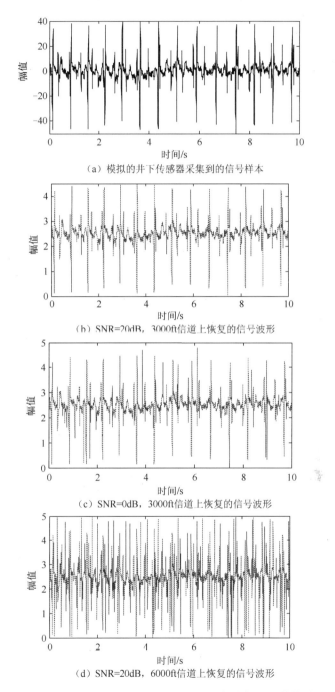

图 5-19 模拟的井下采集到的信号和地面接收机恢复的信号

图 5-20 和图 5-21 分别给出了使用第一组和第二组子载波进行数据传输的数字系统误码率 SER 和总的信号均方根误差 NRMSE 的统计结果，可以看出，误码

率对信号 NRMSE 的影响较大。对于 3000ft 信道，若使用较高的数据速率，则只能在信道信噪比良好的情况下才能得到较小的信号总体畸变；若不要求很高的数据速率，则在恶劣的信道环境下也能得到满意的信号保真度。但对于 6000ft 钻杆信道，由于数据误码率较高，只能使用很低的数据速率来确保 NRMSE 处于一个可接受的范围内。

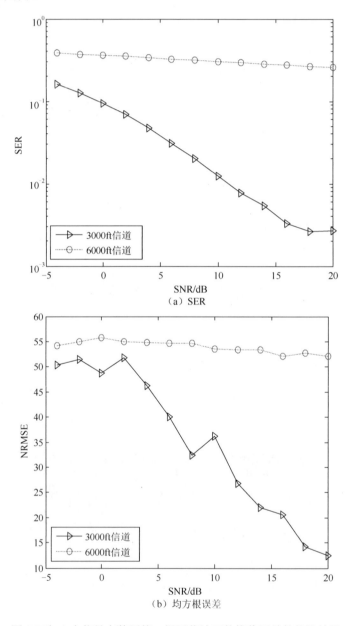

图 5-20　心电信号在使用第一组子载波下的接收误差的统计结果

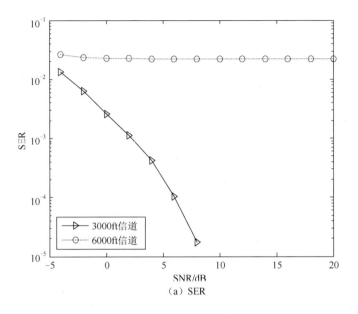

(a) SER

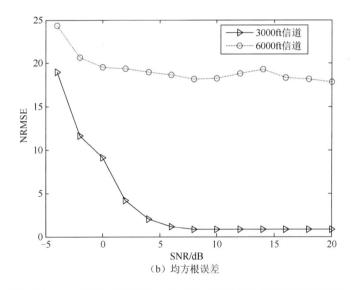

(b) 均方根误差

图 5-21 心电信号在使用第二组子载波下的接收误差的统计结果

用语音信号替换上述心电信号，做相同的仿真研究。图 5-22 给出了在 3000ft 钻杆信道上使用第二组子信道，两种不同信噪比情况下的信号恢复结果，数据传输速率为 65bit/s。可以看出，即使在小信噪比下，提出的传输方案也能给出较满意的恢复结果。

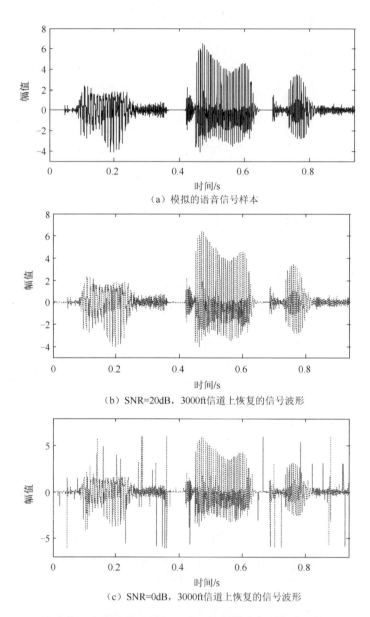

图 5-22　语音模拟井下采集信号和地面接收机恢复的信号

通过仿真结果验证了提出的数据传输方案的可行性，结果表明，提出的数据传输方案是可行的，系统能够成功接收发送的比特。对信道的衰减情况的仿真测试结果证明钻杆信道具有明显的通阻带交替现象，并利用仿真测试了各子信道的误码率特性，给出了能够利用的子载波频率。对于选出的两组子载波，分别测试了声波遥测系统的信号总失真（即 RMSE）。从仿真结果可以看出，提出的声波遥测系统在较高信噪比下可以很好地恢复发送信号，然而当信噪比较低时，信号波形畸变严重。通过仿真，还将基本的 OFDM 传输系统与两种基于比特分配的 OFDM 声波遥测系统进行了比较，结果显示，使用比特分配技术可以在系统误码率不变的情况下减小端到端的信号总失真，使系统在-10dB 信噪比下仍能较好地恢复信号波形。

若要实现提出的最优钻井通信方案，仍要解决一些实际中面临的问题。首先，研究适用于钻杆信道的信源和信道编码技术，通过编码进一步降低系统的误码率。其次，研究基于 OFDM 的声波遥测数字通信系统的同步问题，包括载波同步、符号同步、OFDM 样本值同步。只有完全解决了同步问题，仿真中得到的结果才能完全实现。最后，提出基于模糊逻辑的比特分配技术，其实现比较复杂，而且要解决接收机如何获取载波分配信息的问题。只有解决该问题才能使接收机按照正确的顺序恢复发送的比特。提出的基于扩频编码的比特分配技术容易实现，然而扩频码的编码效率很低，这极大地降低了基于 OFDM 的声波遥测系统的效率。

参 考 文 献

[1] 刘新平, 房军, 金有海. 随钻测井数据传输技术应用现状及展望[J]. 测井技术, 2008, 32(3): 249-253.

[2] 张贤达, 保铮. 通信信号处理[M]. 北京：国防工业出版社, 2000.

[3] 赵国山, 管志川, 都振川. 井下钻柱信道的声传播特性[J]. 石油学报, 2013, 34(1): 151-156.

[4] 赵国山, 管志川, 刘永旺. 声波在钻柱中的传播特性[J]. 中国石油大学学报, 2010, 34(1): 55-59.

[5] 管志川, 刘永旺, 赵国山. 钻柱结构对声传输特性的影响[J]. 石油学报, 2012, 33(4): 687-691.

[6] DRUMHELLER D S. Acoustical properties of drill strings[J]. Journal of the acoustical society of America, 1989, 85(3): 1048-1064.

[7] DRUMHELLER D S. Attenuation of sound waves in drill strings[J]. Journal of the acoustical society of America, 1993, 94(4): 2387-2396.

[8] DRUMHELLER D S, KNUDSEN S D. The propagation of sound waves in drill strings[J]. Journal of the acoustical society of America, 1995, 97(4): 2116-2125.

[9] GAO L, GARDNER W, ROBBINS C, et al. Limits on data communication along the drill string using acoustic waves[R]. SPE 95490, 2005.

[10] SINANOVIC S. Down hole drilling noise analysis[R]. Halliburton internship report, 2002.

[11] MEMARZADEH M. Optimal borehole communication using multicarrier modulation [D]. Ph. D. Thesis. Houston: Rice University, 2007.

[12] PELEDA, RUIZ A. Frequency domain data transmission using reduced computational complexity algorithms[C]//Proceedings of International Conference on Acoustics, Speech, and Signal Processing, Denver, 1980: 964-967.

[13] BINGHAM J A C. Multicarrier modulation for data transmission: An idea whose time has come[J]. IEEE communications magazine, 1990, 28(5): 5-14.

[14] KELLER T, HANZO L. Adaptive multicarrier modulation: A convenient framework for time-frequency processing in wireless communications[J]. Proceedings of the IEEE, 2000, 88(5): 611-640.

[15] 尹长川, 罗涛, 乐光新. 多载波宽带无线通信技术[M]. 北京: 北京邮电大学出版社, 2004.

[16] HO K P, KAHN J M. Transmission of analog signals using multicarrier modulation: A combined source-channel coding approach[J]. IEEE transactions on communication, 1996, 44(11): 1432-1443.

[17] 张伟涛. 基于 OFDM 的起伏窄信道声波信息传输研究报告[R]. 井下测控技术实验室交流报告, 西安, 2013 年 12 月.

第6章 用杜芬振子检测随钻声波信号的研究

6.1 引 言

随钻声波信号传输是指井下换能器将随钻测井的电信号转换为声信号，该信号表现为弹性波沿着钻柱传输到地面，并由地面接收装置接收信号的过程。受钻井环境的影响，地面接收的声波信号的信噪比极低，对信号检测来说属于微弱信号检测。微弱信号检测实际上是将湮没在强噪声背景中的有用信号提取出来的一种新技术，其对象是用一般检测方法测量不到的小信号，因此研究微弱信号检测技术是声波信息传输技术能够实用并发展的前提条件。

常规的微弱信号检测方法可以分为时域检测方法和频域检测方法两类[1]。常规的微弱信号检测的处理方法局限性表现在所能检测到的微弱信号的信噪比门限值较高。虽然已有的频域方法的输入信噪比门限值比时域方法有所降低，但是它只能检测平稳、高斯分布噪声为背景噪声的微弱信号，而且需要大量先验概率分布知识才能估计出待检测信号的参量。近年来人们积极吸收国内外信号处理研究成果，将新的信号处理方法引入微弱信号检测领域[2,3]，如将高阶谱分析、小波分析、神经网络等分析方法应用到微弱信号检测领域。高阶谱分析对检测高斯噪声背景下的微弱信号有一定的效果，但是与其他方法相比，它的计算量太大，并且只能抑制白噪声和高斯色噪声。小波分析方法可以成功地进行带有微弱信号的分析与检测，在谐波小波分解的基础上可以对微弱振动信号进行频域提取，有更好的检测效果[4]。但是小波基函数的选择和尺度的选择都没有一个普遍的方法。而神经网络算法中的权重及临界值的设定需要大量的样本进行训练，当噪声类型及特征发生变换后，必须重新训练神经网络[5]。

从20世纪后期开始，人们开始研究利用混沌学检测微弱信号的方法[6,7]。混沌是自然界中的一种现象，是确定性非线性系统。混沌对系统的初始参数十分敏感，本书根据混沌系统对初值敏感的特征，研究检测微弱信号的方法。该方法的思路是：让混沌系统处于混沌临界状态，这时混沌系统的相轨迹是混沌的，然后将待测信号作为混沌系统特定参数的摄动加入混沌系统中，混沌系统的运动状态就会从混沌临界状态迁移到大周期运动状态。混沌系统对噪声具有较强的免疫力，因为噪声仅能局部地改变系统的相轨迹，使系统的相轨迹变得粗糙，并不能引起系统的状态迁移，即系统从临界状态跳变到大周期状态。然而混沌系统对特定频率的微弱信号十分敏感，当待测信号的频率与系统的驱动信号频率一致或相近时，即使待测信号幅值十分小，混沌系统也会发生状态迁移。因此，可以根据系统是否发生状态迁移来检测微弱信号是否存在,并经过计算确定待测信号的一些参数。尽管混沌理论在检测微弱信号中的应用文献日益增多,但是其应用还在初步阶段,还需要更多的研究实践探索。国内浙江大学学者基于杜芬方程对微弱信号的幅值测量[8],实现了频率已知时的幅值测量。西安交通大学学者借助杜芬方程的参数敏感性特征,开展了谐振传感器的频率提取仿真研究[9],研究结果表明杜芬混沌系统具有测试窄带信号的能力。长春大学学者设计了一种检测微弱正弦信号的新方法——将自相关器与混沌系统组成一个新的微弱信号检测系统来检测 nV 级正弦信号的电压值。大量仿真实验证明,这个方法不受色噪声影响,而且信噪比极低[10]。吉林大学学者对杜芬方程的非线性项进行修正后提出了新的检测模型,并通过数值仿真实验证明了该检测模型可以进一步降低信噪比并应用色噪声背景[11-13]。国外对混沌检测微弱信号的研究,集中在对混沌系统各个状态的临界值难于确定的问题上。1992 年,Brown 等率先提出了应用杜芬振子对初值敏感的特性构造传感器的方法[14]。Glenn 等提出了借助混沌轨迹的微扰控制检测系统中的微弱信号的方法[15]。Hsiao 等在 2002 年针对非线性非自治系统和杜芬系统模型提出了猎取法,通过检测目标的不稳定周期轨迹和控制加入强迫输入的混沌系统,获取系统各个状态的临界值[16]。

本章将杜芬混沌振子用于智能钻井中声波信息传输中,用来检测湮没在噪声背景下的随钻声波传输信号,为声波传输系统的实用提供拓展方案。

6.2 混沌理论与混沌特征分析

全球闻名的动力气象学家、混沌理论的创立者之一 Lorenz 指出混沌系统具有以下三个特征[17]:①看似随机;②对初始参数十分敏感;③敏感地依赖于初始条件的内在变化。混沌现象的发现及相关定义,让人们认识到客观事物的运动不仅是随机和确定性运动,而且存在一种具有更普遍意义的形式,即无序的混沌。混沌貌似是一种无规则的运动,却是确定的非线性系统,不需要附加任何随机因素就可以出现类似随机的行为。混沌系统最大的特点在于系统的演化对初始条件十分敏感,因此从长期意义上讲,系统未来的行为是不可预测的。

6.2.1 通向混沌的途径和特征

混沌系统从规则运动过渡到混沌状态的途径有很多,目前主要有以下几种[18,19]。

周期倍化是通向混沌的,也称为倍周期分岔。它由不动点经过周期不断倍分叉过程进入混沌状态,是最常见的一种途径。本章仿真应用的杜芬混沌系统就是通过倍周期分岔过程进入混沌状态的。另外,还有阵发性通向混沌和 KAM 环面通向混沌。阵发性是指随着时间做规则运动的信号中带有统计分布的不规则运动成分，而这种突发的次数随着外部控制参数的变化而增加，直到变成混沌运动。因此，该方法是一种经由间歇性的状态变为混沌的途径。KAM 环面通向混沌相空间中各部分的运动互不干扰，在小的扰动情况下，只是在鞍点附近发生变化，鞍点之间的连线破断并在鞍点附近产生剧烈振荡，从而引起混沌运动。

混沌现象是非线性系统的普遍属性，包含了十分丰富的信息，其相图巧夺天工，不是艺术胜似艺术。但是这些互补相同的混沌现象有着相同的特征[20]。

1. 对初始条件的敏感性

混沌系统对初始值十分敏感，简单说就是初值上非常小的变化（测量误差或者噪声）会导致完全不同的结果。这与经典物理中的"误差范围内的等同或一致性"相矛盾。

2. 有界遍历性

混沌运动内部不稳定，但有明显的有界取值区间，该区间内的任一点，在有限长的时间内都会经过。

3. 长期不可预测性

混沌的另一个特征是即使有正确的方程，确定的条件，长期预测也十分困难，就是说混沌具有长期不可预测性。具体表现为初始条件的细小差异对以后的演化有巨大的影响，因此不可能长期预测将来某一时刻的混沌特征。因为混沌过程对初始值的敏感性会导致每一次预测丢失一部分信息，这样预测很多次后，丢失的信息越多，剩余的信息就不能进行合适的预测。

4. 奇异吸引子

将渐进稳定不动点或极限环称为吸引子。这是因为轨道周围的点都会趋于吸引子。正常吸引子的相空间维数都是整数，但是混沌吸引子则是非整数维数。若用李雅普诺夫（Lyapunov）指数区分吸引子的类型，负的李雅普诺夫指数表示不动点吸引子，非正的李雅普诺夫指数表示周期或极限环吸引子，而混沌吸引子具有正的李雅普诺夫指数，因此称为奇怪吸引子。

5. 分形结构

吸引子的层次结构为分形，混沌系统的维数为分维数。混沌轨道遍历系统的每一个角落，但轨道间总还有空洞的存在。对它的局部进行放大，便可得到整体的框架。

6. 局部不稳定，整体稳定

混沌系统不仅具有整体稳定性，也具有局部不稳定性。任何一个系统的进化，都要达到一个新的演化状态又不将稳定性绝对化,这时在整体稳定的前提下就会有局部不稳定,这种不稳定是进化的基础。混沌运动这一特点表现得很明显。

混沌是决定性方程的动力学系统的一种复杂的动力学行为,简单的动力学系统不一定导致简单的动力学行为,非线性不一定都包含混沌,但是任何混沌系统都是非线性的。

6.2.2 混沌系统的判别方法

混沌系统一定是非线性系统,但是非线性系统不一定是混沌系统。确定混沌系统的运动状态是至关重要的,这对深入研究混沌系统检测微弱信号的原理,具有十分重要的意义。下面简要介绍一些常用的判别系统是否具有混沌特性的方法。

1. 李雅普诺夫指数法

李雅普诺夫指数法用于表示在相空间中初始条件不同的两条相邻轨迹随时间按指数律分离或吸引的程度。这种轨迹收敛或发散的比率称为李雅普诺夫指数,它代表非线性轨迹的不稳定性,是从统计特性上表明非线性系统的动力学特征。因为在大部分情况下无法得到精确的动力学系统模型,只能根据观测到的反映系统状态变化的时间序列进行计算,如果得到的李雅普诺夫指数中有正的,则说明该系统是混沌的[21]。

2. 庞加莱截面法

在相空间中适当选取一截面,截面上任一对共轭变量构成的截面称为庞加莱截面。若是庞加莱截面仅一个不动点或者有几个离散点,则混沌系统是周期的;当庞加莱截面是一条封闭曲线时,混沌系统也是周期的;当庞加莱截面上有一些具有分形结构的密集点时,系统是混沌的[21]。

3. 自功率谱密度分析法

自功率谱密度分析法的基本思想是求混沌信号的自相关函数的傅里叶变换,然后根据自功率谱密度函数分析混沌的频域特征。如果功率谱在基频及其倍频出现尖峰,则该系统为周期运动;如果功率谱是几个基频以及由它们叠加所在处的尖峰,则为准周期运动;如果功率谱中出现噪声背景和宽峰的连续谱,则为混沌运动。

4. 相空间重构法

相空间重构法是由一维可观察量重构一个类似相空间。这个方法重新描述了混沌系统的动态特征。相空间重构法是根据某个变量不同时间点的值来构成相空间,系统里的变量都是相互影响的,所以重构相空间变量随时间的变化过程可以显示出混沌系统的动力学运动规律，重构的相空间的轨线可以反映系统状态的演化规律。

5. 系统的动力学行为

混沌系统中存在隐性的秩序，并且能够以较少的自由度描述。分维数可以表现出混沌自由度的一些信息，其表现形式有信息维、容量维和关联维等。分维数越大，混沌系统越复杂，即维数高的吸引子才能描述系统的动力学行为；反之，混沌系统具有简单的动力学行为。在传统的研究中分维数都是整数，但是混沌动力学奇怪吸引子的形状，既像线，又像面，使传统的维数很难描述混沌系统的奇怪吸引子。通常把吸引子的容量维数是非整数看作是出现混沌解的一个特征。此方法的计算十分不方便。

6. 相轨迹直接观察法

相轨迹直接观察法把混沌运动投影到相空间平面形成相轨迹。求解动力学系统的非线性微分方程组，就可以画出相空间中相轨迹的变化图。周期运动对应的是一条封闭曲线，混沌对应的是在一定区域内随机分布的不封闭的轨道。

从分辨能力方面看，直接观察轨道的分辨能力最低，但是形象直观；庞加莱截面法分辨能力比谱分析差。但从对计算机的容量和时间要求来看，机器字长和计算时间制约了庞加莱截面法的应用。本章选择计算量相对较小，而且容易观察的相轨迹法判断系统是否处于混沌状态。

6.2.3 杜芬方程的混沌特性研究

杜芬混沌系统是经典的混沌系统之一。杜芬方程是描述许多机械问题中的弹簧弱阻尼运动效应的数学模型，即一个包含立方项的二阶微分方程。外部激励的不同可以使方程表示为周期运动和混沌运动。具体表达式如下：

$$\frac{d^2x}{dt^2} + k\frac{dx}{dt} - x(t) + x^3(t) = f\cos(\omega t) \tag{6-1}$$

式中，k 是阻尼比；$f\cos(\omega t)$ 是周期策动力；$-x(t)+x^3(t)$ 是非线性恢复力。

1. 初始条件对杜芬系统的动力学行为影响

（1）当策动力幅值 $f=0$ 时，选取两个不同的初始值（1,1）和（2,2），杜芬系统的相轨迹分别会落在（1,0）和（-1,0）不同的鞍点上。研究初始条件的改变对系统的影响。仿真结果如图6-1和图6-2所示。

如图6-1和图6-2所示，当策动力 f 充分小时，系统相轨迹周期性地在两鞍点之一周围运动，而在哪个鞍点周围运动则依赖于系统初始条件。

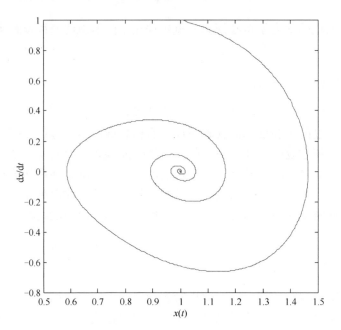

图 6-1 初始值是（1,1）的混沌相轨迹图

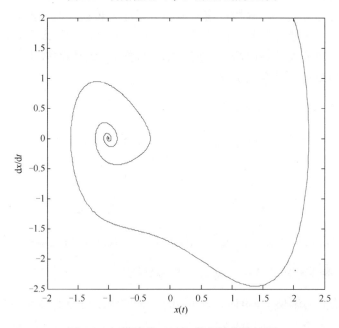

图 6-2 初始值是（2,2）的混沌相轨迹图

（2）当策动力 f 不为 0 时，杜芬系统就会出现复杂的动力学行为，围绕鞍点和中点进行无规律运动。经过研究发现当策动力幅值 f 超过一定阈值时，杜芬系统的相轨迹变为同宿轨道，结果如图 6-3 所示。接着幅值 f 继续增大，杜芬系统

相轨迹出现周期倍化分岔,结果如图 6-4 所示。紧接着在幅值 f 很大范围内,杜芬系统处于混沌状态,结果如图 6-5 所示。当幅值 f 大于混沌系统临界值时,杜芬系统由混沌状态变为大尺度周期状态,结果如图 6-6 所示。

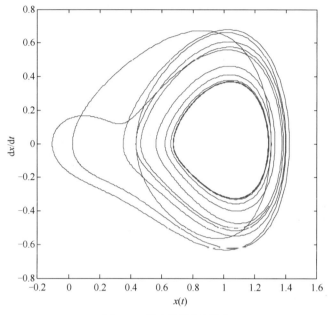

图 6-3　同宿轨道相面图

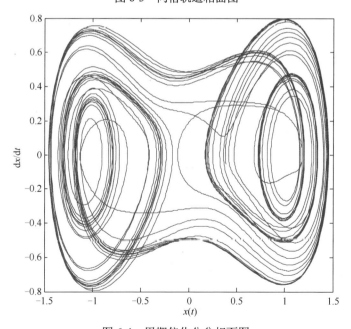

图 6-4　周期倍化分岔相面图

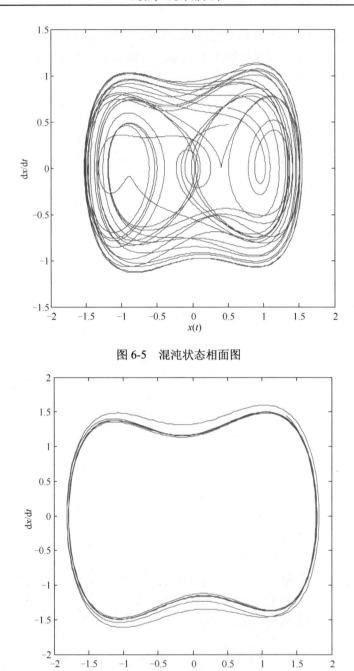

图 6-5 混沌状态相面图

图 6-6 大尺度周期状态相面图

综上,根据杜芬系统的相轨迹变化情况,可以看到杜芬系统的动力学行为对初始参数十分敏感。在同一个策动频率下,只要策动力幅值不同,杜芬系统的动力学行为就会不同,杜芬系统的相轨迹显著不同。因此,可以利用杜芬系统受到刺激会从混沌临界运动状态转换到大尺度周期运动状态的特性进行微弱信号检测。

2. 利用分岔性确定周期策动力幅值对动力学行为的影响

非线性系统具有多种稳态运动,如不动点、拟周期、周期、混沌等运动。出现哪种稳态运动则取决于系统的初始条件和控制参数。若系统中控制参数受到扰动,系统也会从当前的稳态运动跳跃到其他稳态运动。两种运动状态间的转换称为"分岔",两种状态相互转换时的参数临界值,在非线性科学中称为"分岔点"。当非线性系统处于由一种运动状态到另一种运动状态的边缘时,外界稍加影响就会导致系统发生质变。在阻尼比固定的情况下,系统状态随着周期策动力幅值的变化呈现不同的动力学行为。如果阻尼比取值较大,系统就不再是弱阻尼系统,其动力学运动特性发生改变,不再适于微弱信号检测。

3. 利用相轨迹研究混沌系统的参数设置

根据梅尔尼科夫方法得到的理论分岔值可以确定混沌临界状态的参数取值,梅尔尼科夫方法通过已知的二维可积系统的全局知识,去获取未知的扰动系统的全局信息。它将动力系统归结为平面上的一个庞加莱映射,通过度量庞加莱映射的双曲不动点的稳定流形与不稳定流形之间的距离来确定系统是否存在横截同宿点,从而导致斯梅尔马蹄变换意义下的混沌。

杜芬方程的三种分岔值为 $R_i^m(\omega)$、$R^\infty(\omega)$、$R_o^m(\omega)$,根据理论分析,可以得到如下结论:①对任意固定的 ω,当参数 $f/k > R_i^m(\omega)$ 时,杜芬方程模型将逐次发生次谐分岔,意味着倍周期运动;②参数 f/k 逐渐增大到 $R^\infty(\omega)$,系统将进入混沌运动;③当参数 f/k 继续增到 $f/k > R_o^m(\omega)$ 时,系统的同宿轨道外部存在次谐波轨道,意味着进入周期运动,如图 6-5 和图 6-6 所示。实际应用中,通常依据理论计算阈值,采用仿真实验来确定分岔值,即通过多次改变系统参数,观察系统的相轨迹图,当系统的运行轨迹从混沌态跃变到周期态,此时对应的参数值就确定为混沌的临界阈值。临界阈值越精确,可以检测的信噪比门限就越低,但是系统对噪声的敏感性也越强,所以要根据检测精度选择合适的临界阈值。

6.2.4 噪声对杜芬系统的影响

钻井作业会产生大量的噪声,噪声主要来源于钻头与地层相互作用产生的井下噪声以及钻柱与井壁摩擦和地面接收系统带来的地面噪声。其中,地面噪声是影响声波信号传输的一个重要因素。地面接收机接收到的噪声可以看成是由无限多的、相互统计独立的、各自作用有限的噪声分量叠加而成。根据大数定律,认为噪声的概率密度函数满足正态分布统计特征，同时功率谱密度函数是常数，即白噪声。下面研究高斯白噪声对混沌系统的状态影响。

设置杜芬振子在混沌状态跃变到周期状态的临界混沌解为 $x(t)$，此时加入均值为 0，方差为 σ^2 的高斯白噪声到混沌系统中，噪声对混沌解的微小扰动为 Δx，则杜芬振子方程形式为[22]

$$\left(\frac{d^2x}{dt^2}+\frac{d^2\Delta x}{dt^2}\right)+k\left(\frac{dx}{dt}+\frac{d\Delta x}{dt}\right)-(x-\Delta x)+(x^3+\Delta x^3)=f\cos(\omega t)+n(t) \quad (6\text{-}2)$$

式（6-2）减去式（6-1），并忽略 Δx 的高阶项，并令 $c(t)=1-3x^2(t)$，可得

$$\frac{d^2\Delta x}{dt^2}+k\frac{d\Delta x}{dt}-c(t)\Delta x=n(t) \quad (6\text{-}3)$$

将式（6-3）写成矢量微分方程的形式为

$$\Delta\dot{X}(t)=A(t)\Delta X(t)+N(t) \quad (6\text{-}4)$$

式中

$$\Delta X=\begin{pmatrix}\Delta x\\ \Delta\dot{x}\end{pmatrix},\quad A(t)=\begin{pmatrix}0 & 1\\ c(t) & -k\end{pmatrix},\quad N(t)=\begin{pmatrix}0\\ n(t)\end{pmatrix} \quad (6\text{-}5)$$

由线性化定理和 $\|\Delta x\|\ll\|x\|$，可知式（6-5）与略去 Δx 的高阶项前的系统拓扑等价。混沌解 $x(t)$ 是全局稳定的，因此存在一个常数 α，使得 $\|x\|\ll\alpha$。根据解的存在与唯一性定理可得到，方程（6-4）存在符合一个初始条件的唯一解，可表示为

$$\Delta X(t)=\Phi(t,t_0)\Delta X_0+\int_{t_0}^{t}\Phi(t,t_0)N(u)d(u) \quad (6\text{-}6)$$

式中，Φ 是系统的状态转移矩阵。通过分析可知，相轨迹能够随时间以指数方式迅速衰减为零。研究系统稳态时的统计特性，式（6-6）近似为

$$\Delta X(t)=\int_{t_0}^{t}\Phi(t,u)E(N(u))du \quad (6\text{-}7)$$

其均值为

$$E(\Delta X(t))=\int_{t_0}^{t}\Phi(t,u)E(N(u))du=0 \quad (6\text{-}8)$$

其协方差矩阵为

$$R_{\Delta x}(t,t)=\int_{-\infty}^{t}\int_{-\infty}^{t}\Phi(t,u)R(N(u),N(v))\Phi^*(t,u)dudv$$

$$=\int_{-\infty}^{t}\Phi(t,u)L\Phi^*(t,u)du \quad (6\text{-}9)$$

式中，$L = \mathrm{diag}(0\ \sigma^2)$。综上所述，系统的相轨迹因为噪声的干扰而变得粗糙，粗糙程度由扰动方差的大小决定。

式（6-9）的常规解表达式为

$$R_{\Delta x}(t,t) = \frac{1}{2}\left(\Phi(t,t_0)+\Phi^*(t,t_0)\right)R_{\Delta x}(t_0) + \frac{1}{2}\int_{t_0}^{t}\left(\Phi(t,u)+\Phi^*(t,u)\right)Ldu \quad (6\text{-}10)$$

当 $t\to\infty$ 时，噪声对解 $x(t)$ 的干扰迅速地衰减为零，也就是说当演化时间足够长时，可以忽略外界噪声对系统相轨迹扰动的方差。因此，噪声仅能影响到混沌系统局部的行为和运动的稳定性，并不能影响到系统的动力学行为。

通过式（6-10）可知，在系统中加入噪声，随着演化时间越来越长，噪声对系统的动力学行为没有实质的影响，只在局部微小地改变了相轨迹。

在一定强度的噪声背景下，混沌临界状态和大尺度周期状态的杜芬振子对噪声具有免疫力。在混沌临界状态时噪声不会使系统动力学行为发生改变，就是系统不会从混沌临界状态变到大尺度周期状态。通过大量仿真实验可知，当输入信号的信噪比达到 $-120\mathrm{dB}$ 时，噪声开始对混沌的临界状态跃变到周期状态产生影响，这是因为系统处在混沌临界状态时，高斯白噪声的频带很宽，其频率范围包含周期策动力的频率，由此导致系统混沌的临界状态极其不稳定。

6.3 混沌系统检测 2FSK 信号方法的研究

2FSK 调制解调技术是最成熟和通用的通信技术，相干解调和非相干解调 2FSK 数字信号的前提是输入信号的信噪比不能太低，不能满足石油钻井环境中的要求，因此研究基于混沌振子检测 2FSK 信号的方法。

6.3.1 混沌系统检测微弱信号原理与仿真

可以将混沌系统对参数敏感性的特征应用到微弱信号检测中。其基本思想是：使混沌系统处于混沌临界状态下，将待测信号作为混沌系统特定参数的摄动加入混沌系统，即使某些特定的信号幅值很小，也会促使系统的动力学行为发生变化，即系统从混沌临界状态跳变到大周期状态。混沌系统对噪声具有一定的免疫力，噪声仅能局部地改变系统的相轨迹，使相轨迹变得粗糙，不能够改变系统的运动状态。最后，根据系统是否发生状态迁移来检测微弱信号是否存在及确定其参数。

下面通过仿真研究杜芬混沌系统，将连续模型离散化，应用 4 阶龙格-库塔方法对杜芬方程进行数值仿真。杜芬混沌系统参数设置如下：$k=0.3$，$f=0.5356$，$\omega_1=1$，

离散化步长 $h=2\pi/120$，这时系统处于混沌临界状态。分别向系统加入幅值为 0.01V，角频率为 1，初相位为 0 的待测信号和方差为 20 的高斯白噪声，仿真结果如图 6-7 和图 6-8 所示。

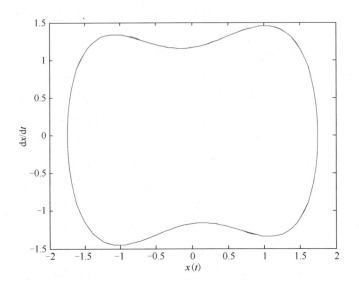

图 6-7　加入待测信号，系统从混沌临界状态变为大尺度周期状态

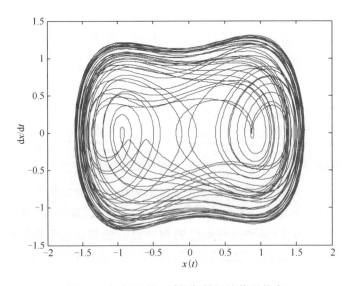

图 6-8　加入噪声，系统保持混沌临界状态

当降低信噪比为-50dB 时，混沌相轨迹图如图 6-9 所示，系统保持混沌临界状态。

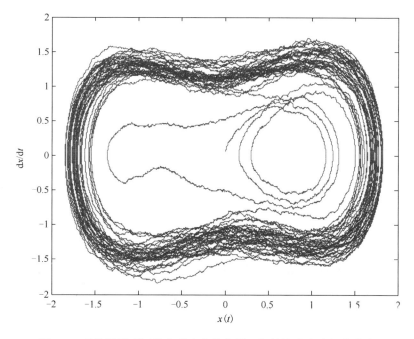

图 6-9　系统检测到湮没在噪声中的信号，相轨迹变为大周期状态

由仿真可知，混沌系统对扰动的敏感性特征可以应用到微弱信号检测中，杜芬系统可以检测湮没在噪声中的微弱信号，并对噪声有强免疫能力。

6.3.2　混沌系统检测 2FSK 信号的原理

杜芬混沌系统检测 2FSK 信号的实质在于混沌系统信号的有无以及信号参数的变化都会体现为"混沌"和"周期"两种状态之间的变化。而对 2FSK 信号检测的实质就是检测出在信号传输中两种载波频率存在的时刻。

设输入到调制器的比特流为 $\{b_n\}$，$n \in \{-\infty, +\infty\}$，输出信号形式为

$$S_{2\text{FSK}(t)} = \begin{cases} \cos(\omega_1 t + \varphi_1), & b_n = 1 \\ \cos(\omega_2 t + \varphi_2), & b_n = 0 \end{cases} \quad (6\text{-}11)$$

设置杜芬混沌系统的周期策动力信号频率为 ω_1（待测 2FSK 信号的两载波频率之一），相位为 0，并设置系统参数，固定阻尼比，调整周期策动力幅值使系统处于混沌临界状态。然后将 2FSK 信号作为内部驱动信号的扰动送入杜芬混沌系统中，这时杜芬方程变为

$$\frac{\mathrm{d}^2 x}{\mathrm{d}t^2} + k\frac{\mathrm{d}x}{\mathrm{d}t} - x(t) + x^3(t) = A(t) \quad (6\text{-}12)$$

（1）当传输码元"1"时，发送频率为 ω_1 的载波信号，$A(t) = f_d(\omega_1 t) + a\cos(\omega_1 t + \varphi)$，此时 2FSK 信号与驱动信号的频率相同，这时混沌系统由临界状态变为大周期状态。

（2）当传输码元"0"时，发送频率为 ω_2 的载波，$A(t) = f_d(\omega_1 t) + a\cos(\omega_2 t + \varphi)$，混沌系统将保持混沌状态或转变为间歇混沌状态。

同样，加入 2FSK 信号后，对混沌振子检测系统的状态进行判别可实现信号检测。如果系统状态为周期状态，输出判断为"1"，否则判断为"0"。间歇混沌的周期为 $T=1/\Delta f$，随着频差的减小，间歇混沌的周期变长，这使得在整个码元持续时间内间歇混沌的周期段越来越长，甚至几乎都为间歇混沌的周期段，这样可能将混沌状态误判为周期状态。因此，两个载波的频差不能太小。在仿真时，采用两载波频率分别为 $\omega_1=1$，$\omega_2=20$。

6.3.3 混沌系统检测 2FSK 信号检测仿真方法与实现

利用混沌系统检测 2FSK 信号的仿真过程大致有四步：①根据 2FSK 信号检测的随钻背景等实际要求设置系统的混沌检测系统的参数，其中系统策动力频率参数设置为待测 2FSK 信号两种载波频率之一。②调节混沌振子检测系统策动力使系统处于从混沌状态向大周期状态过渡的临界状态，此时策动力为 f_d。③将输入码元调制为 2FSK 信号，根据码元传输速率设置每个码元的持续时间，并加入高斯白噪声，并将调制后的信号送入混沌检测系统，使系统对每个码元信号依次分别运算、检测。④进行系统状态判别。由于混沌振子对载波频率相关的信号敏感，当传输码元为"1"时，对应的载波将使混沌系统发生相变进入周期状态；当传输码元为"0"时，对应的载波使混沌系统仍处于混沌状态。混沌判别的方法有很多，这里画出相面图，通过观察相轨迹的变化来判断系统是在混沌临界状态还是大周期状态。

设置待检测的比特流为 $b\{0, 1\}$，载波信号的角频率分别为 $\omega_1=1$（代表"1"）和 $\omega_2=20$（代表"0"），信号幅值为 0.01V，初相位为 0。将该信号加载到杜芬混沌接收解调系统中，系统参数设置如下：$k=0.3$，$f_d=0.5353$，离散化步长 $h=0.02\pi$，采用四阶龙格-库塔法求解方程，通过观察相轨迹图判断系统处于混沌临界状态还是大周期状态，从而判断对应的发送数据为二进制"0"还是二进制"1"。当发送二进制"0"时，其调制频率与系统的周期策动力频率相差较大，混沌系统将其视为噪声而继续处于混沌状态；当发送二进制"1"时，其调制频率与系统的周期策动力频率相同，基于混沌系统对参数的敏感性，且满足相位差条件，系统将从混沌临界状态向大周期状态迁移。仿真时在系统中加入高斯白噪声，信噪比为 -30dB，仿真结果如图 6-10 所示，仿真结果与前面分析相符合，混沌解调显示了较强的噪声免疫性。这里虽然只仿真了单个二进制 "0" "1" 的混沌解调研究，如果类比推广至比特流，信号解调过程与结果也将类似。

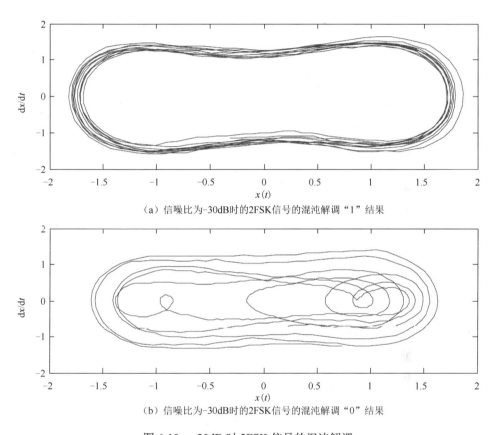

(a) 信噪比为-30dB时的2FSK信号的混沌解调 "1" 结果

(b) 信噪比为-30dB时的2FSK信号的混沌解调 "0" 结果

图 6-10 -30dB 时 2FSK 信号的混沌解调

6.3.4 解决相位不同步问题的方法

实际信号传输时，通常并不知道其相位，当 2FSK 信号初相位与系统初相位相差很大时，在强噪声背景下就可能无法保证可靠的检测。有两种办法可以解决这个问题：①检测出 2FSK 信号相位，即在发送有用信号前预发送一段连续 "0" 或 "1" 的验证码，接收端采用三分相位法检测 2FSK 信号的初始相位；②在接收端解决相位不同步的问题。下面主要研究分析在接收端解决相位不同步的方法。

由杜芬方程可知，在混沌系统中起作用的总周期驱动信号 $S(t)$ 为

$$S(t) = f_d \cos(\omega t) + a\cos((\omega + \Delta\omega)t + \varphi) = f(t)\cos(\omega t + \theta(t)) \qquad (6-13)$$

式中

$$f(t) = \sqrt{f_d^2 + 2f_d a\cos(\Delta\omega t + \varphi) + a^2} \qquad (6\text{-}14)$$

$$\theta(t) = \arctan\frac{a\sin(\Delta\omega t + \varphi)}{\gamma_d + a\cos(\Delta\omega t + \varphi)} \qquad (6\text{-}15)$$

因为待检测信号的幅值 a 远小于临界值 f_d，所以 $\theta(t)$ 很小，对系统的影响极小，可以忽略。因此，系统状态迁移关键在于 $f(t)$ 与 f_d 的关系。当待检测信号和内部驱动信号的频率相同时，即 $\Delta\omega=0$ 时，有

$$f(t) = \sqrt{f_d^2 + 2f_d a\cos\varphi + a^2} \qquad (6\text{-}16)$$

由式（6-15）可知，系统是否会发生相变与待检测信号和内部驱动信号的相位差有关，且当

$$\pi - \arccos(a/2f_d) \leqslant \varphi \leqslant \pi + \arccos(a/2f_d) \qquad (6\text{-}17)$$

时有 $f \leqslant f_d$，系统始终处于混沌状态。当 φ 不在这个范围时，状态迁移才可能发生。

混沌系统的驱动信号相位可以预先设定，而在应用中，待检信号加入混沌系统时的初相位无法预知。因此它们之间的相位差不一定落入混沌系统的信号检测窗口。这就是说，如果混沌系统的信号检测窗口不能覆盖相位全范围，则无法实现任意初相位信号的检测。

由式（6-15）可知，当待检信号的幅值等于内部周期驱动力幅值时，混沌状态对应的相位差范围为 $[2\pi/3,4\pi/3]$，而且当信号幅值越小，混沌状态对应的相位差范围越宽，极限情况下为 $[\pi/2,3\pi/2]$。一般地 $a\ll f_d$，因此近似认为混沌状态对应的相位差范围为 $[\pi/2,3\pi/2]$。驱动信号的相位虽然不会影响混沌系统的信号检测窗口的宽度，但是会造成检测窗口的移动。

混沌系统通过周期状态和混沌状态把待检信号的相位变化范围划分为正交的两部分。因为周期状态允许待检信号的相位变化范围略大于 π，所以若用驱动信号的相位相差 π 的两个混沌系统检测，信号检测窗口就能够覆盖 $0\sim 2\pi$ 的范围，那么只要待检信号与周期驱动力的频率一致，则不论初相如何，至少会有一个混沌系统能够发生状态变化。

因此，使用两个混沌系统驱动初相反相的结构可以消除单个杜芬系统对待检信号相位的依赖性。但是当信号相位落入两个混沌系统特性重叠区时，特别是当信号信噪比较低时，混沌系统的状态迁移通常不够稳定。为使系统达到最佳状态，应使用驱动信号相位为 $\{0,\pi/2,\pi,3\pi/2\}$ 集合的混沌系统构成阵列结构进行检测。

混沌系统的参数：阻尼比 $k=3$，驱动信号角频率 $\omega=1$。通过数值仿真实验分别

确定四个混沌系统的临界阈值为{0.5356,0.5365,0.5356,0.5365}。不同相位待测信号的仿真结果如图 6-11～图 6-18 所示,其中纵坐标 y 是横坐标 x 对时间 t 的导数。

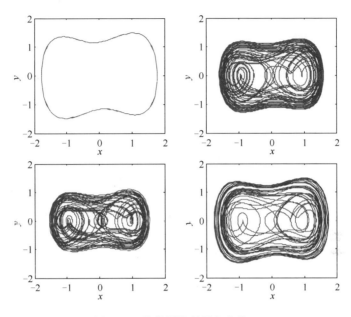

图 6-11　待检测信号的相位为 0

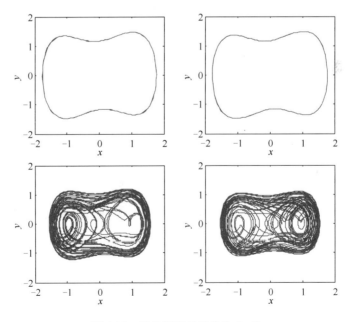

图 6-12　待检测信号相位为 $3\pi/8$

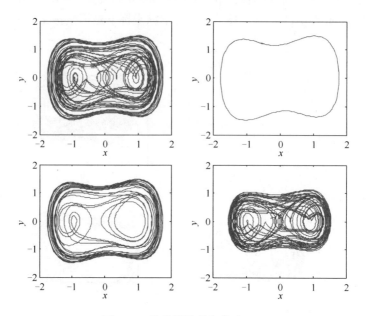

图 6-13　待检测信号相位为 $\pi/2$

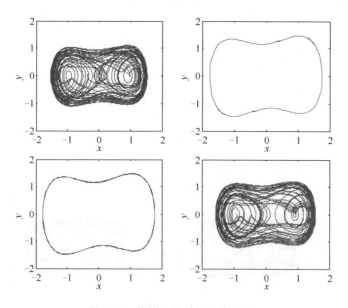

图 6-14　待检测信号相位为 $7\pi/8$

第6章 用杜芬振子检测随钻声波信号的研究

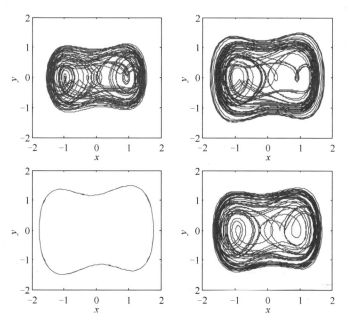

图6-15 待检测信号相位为π

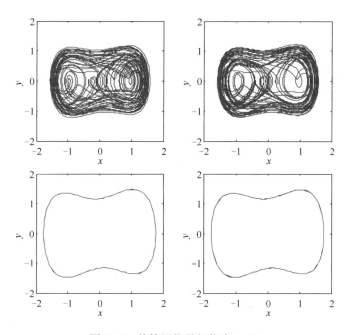

图6-16 待检测信号相位为$5\pi/4$

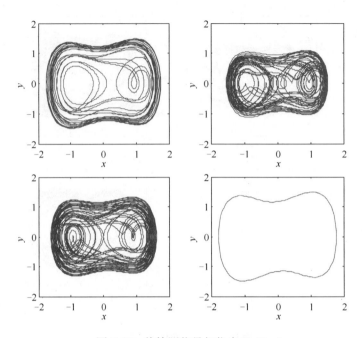

图 6-17　待检测信号相位为 $3\pi/2$

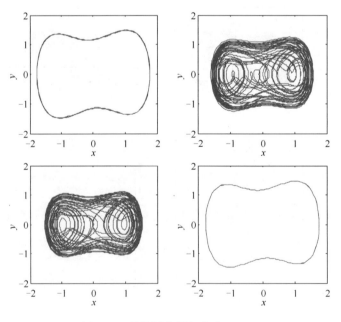

图 6-18　待检测信号相位为 $15\pi/8$

这样就消除了待测信号与驱动信号之间相位差对检测微弱信号的影响。仿真结果证实了混沌振子阵列的可行性。

基于杜芬混沌系统检测 FSK 信号的方法可以实现传统 FSK 方法所不能实现的极低信噪比下的信号检测。

6.4 随钻声波传输信号的混沌检测方法研究

6.4.1 杜芬系统检测微弱随钻声波信号的方法

由前面可知声波信号在周期的钻杆模型中传输时，信道具有通、阻带交替的梳状滤波器特性，对随钻声信号进行 2FSK 调制，载波信道频率要设置到通带内才能进行长距离传输，且为了避免井场声噪声的干扰和高频率信号发散特性不适合长距离传输的特性，选取载波频率为 500~600Hz。

随钻声波信号沿钻杆信息传输时，利用杜芬方法进行调制解调，并检测信号的系统框图如图 6-19 所示，步骤如下。

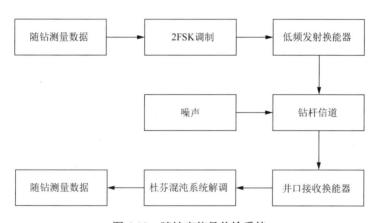

图 6-19 随钻声信号传输系统

（1）根据 2FSK 信号检测的随钻背景等实际要求设置系统的混沌检测系统的参数，其中系统策动力频率参数设置为待测 2FSK 信号两种载波频率之一。

（2）调节混沌振子检测系统策动力使系统处于从混沌状态向大周期状态过渡的临界状态，此时策动力为 f_d。

（3）将输入信号调制为 2FSK 信号，根据码元传输速率设置每个码元的持续时间。

（4）将调制后的 2FSK 信号送入声波传输信道中。

(5) 将传输信道的输出信号送入混沌检测系统，使系统依次分别运算每个码元信号。

(6) 系统状态判别。由于混沌振子对载波频率信号敏感，当传输码元为"1"时，对应的载波将使混沌系统发生相变进入周期状态；当传输码元为"0"时，对应的载波使混沌系统仍处于混沌状态。通过相面图，观察相轨迹的变化来判断系统是在混沌临界状态还是大周期状态。

6.4.2 仿真结果及分析

采用基于等效透声膜法的声波传输信道模型，分别建立 5 根、10 根、20 根、40 根和 50 根钻杆级联的周期信道模型。2FSK 调制中载波信号的频率分别为 f_1=400Hz（代表"1"）和 f_2=500Hz（代表"0"），信号幅值为 0.01V，初相位为 0。将信道输出信号送入杜芬混沌接收系统，系统参数设置如下：k=0.3，f_d=0.5358，驱动信号频率 ω=800π，离散化步长取 h=0.0025/100（每周期取 100 个点），采用四阶龙格-库塔法求解方程，仿真结果如图 6-20～图 6-29 所示。

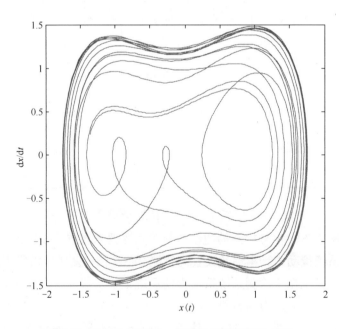

图 6-20 5 根钻杆信道，混沌系统解调信号"0"

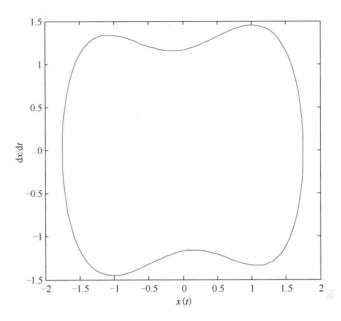

图 6-21 5 根钻杆信道，混沌系统解调信号"1"

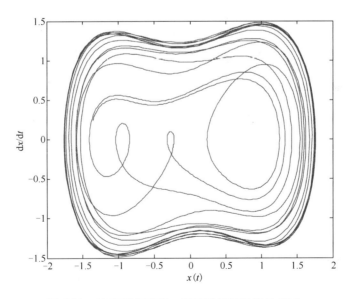

图 6-22 10 根钻杆信道，混沌系统解调信号"0"

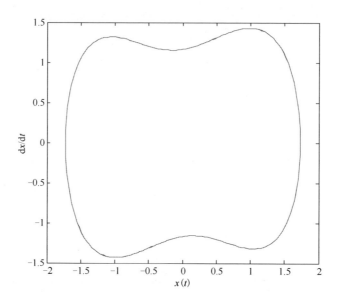

图 6-23　10 根钻杆信道，混沌系统解调信号"1"

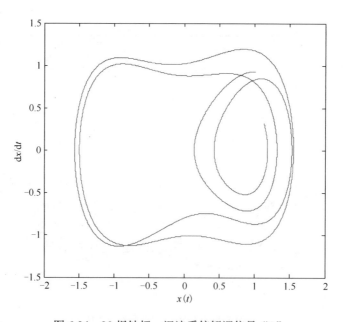

图 6-24　20 根钻杆，混沌系统解调信号"0"

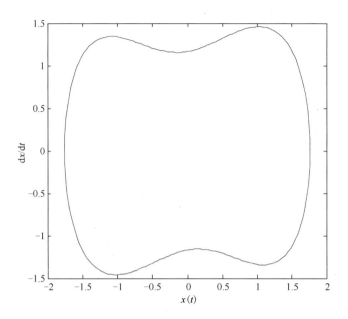

图 6-25　20 根钻杆，混沌系统解调信号"1"

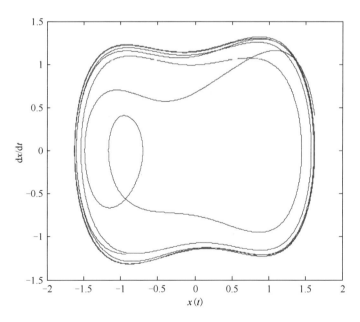

图 6-26　40 根钻杆信道，混沌系统解调信号"0"

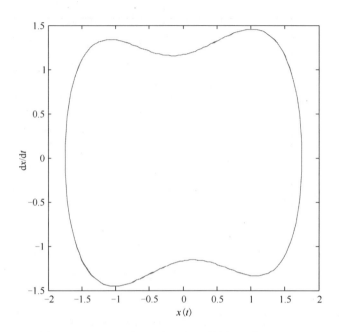

图 6-27　40 根钻杆信道，混沌系统解调信号"1"

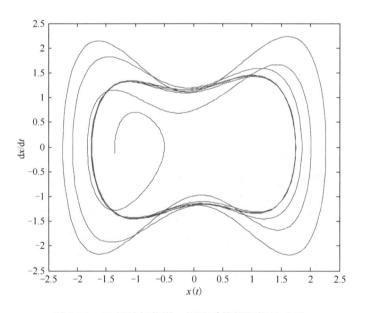

图 6-28　50 根钻杆信道，混沌系统解调信号"0"

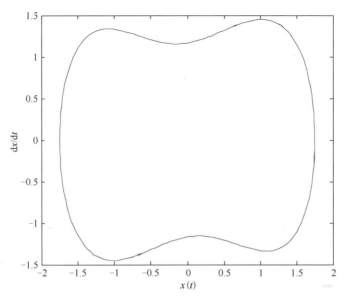

图 6-29　50 根钻杆，混沌系统解调信号"1"

综上所述，混沌检测系统可以解调出过信道的 2FSK 信号，当杜芬混沌系统解调信号"1"时，系统的相轨迹图为标准的系统大周期运动状态。当杜芬混沌系统解调信号"0"时，系统的运动行为产生突变，并不完全是理论上的混沌状态，需要后续深入研究。

本章研究为随钻声波信号检测极低信噪比信号提供了一个可行的方案，若要应用到实际系统中，还可能需要进行深入的探索：利用混沌系统的运动状态检测 2FSK 载波频率的方法，算法耗时长，具有对混沌特征参数非常敏感的特点，这两点不利于频率检测，因此需要展开更深入的研究，寻找出具有自我调节功能和鲁棒性的快速算法来确定混沌系统的运动状态。与井下声波传输信道特性进行更深入的匹配应用，有待深入分析研究和实践。这里只研究了基于杜芬系统检测井下微弱声信号，验证了方法的有效性。而对于如优化参数选择、与其他算法（如小波算法、神经网络算法等）进行结合的算法、优化杜芬方程的求解算法等都未涉及，如果整体系统确定，多个方法联合检测将会更有效，多方法融合的检测方法也是深入研究的方向。最后的数值仿真是为硬件实现服务的，研究硬件实现杜芬检测系统，才能研制出下井仪器。

参 考 文 献

[1] 高晋占. 微弱信号检测[M]. 北京: 清华大学出版社, 2004: 22-26.
[2] 张威, 王旭, 葛琳琳. 一种强噪声背景下的微弱信号检测的新方法[J]. 计量学报, 2007, 28(1): 70-73.

[3] 张荣标, 胡海燕, 冯友兵. 基于小波熵的微弱信号检测方法研究[J]. 仪器仪表学报, 2007, 28(11): 2078-2084.
[4] 李舜酩, 许庆余. 微弱振动信号的谐波小波频域提取[J]. 西安交通大学学报, 2004, 38(1): 51-55.
[5] 温晓君, 宗成阁. 混沌背景下基于神经网络的微弱谐波信号检测[J]. 传感技术学报, 2007, 20(1): 168-171.
[6] WANG G Y, CHEN D J, LIN J Y, et al. The application of chaotic oscillators to weak signal detection[J]. IEEE transactions on industrial electronics, 1999, 46(2): 440-444.
[7] HAYKIN S. Using neural networks to dynamically model chaotic events such as sea clutter[J]. IEEE signal processing magazine, 1998, 15(3): 66-81.
[8] 王冠宇, 陶国良, 陈行. 混沌振子在强噪声背景信号检测中的应用[J]. 仪器仪表学报, 1997, 18(2): 209-212.
[9] ZHAO X Y, LIU J H, SHI B Z. A new method of weak frequency variation detection in silicon microresonator[C]// Proceedings of SPIE, Wuhan, 2001: 445-448.
[10] 聂春燕, 石要武, 刘振泽. 混沌系统测量 NV 级正弦信号方法的研究[J]. 电工技术学报, 2002, 17(5): 87-90.
[11] 李月, 李宝俊. 检测强噪声下周期信号的混沌系统[J]. 科学通报, 2003, 48(1): 19-20.
[12] 李月, 李宝俊, 石要武. 色噪声背景下微弱正弦信号的混沌检测[J]. 物理学报, 2003, 52(3): 526-530.
[13] 李月, 石要武, 马海涛. 淹没在色噪声背景下微弱方波信号的混沌检测方法[J]. 电子学报, 2004, 32(1): 87-90.
[14] BROWN R, CHUA L, POPP B. Is sensitive dependence on initial conditions nature's sensory device[J]. International journal of bifurcation and chaos, 1992, 2(1): 193-199.
[15] GLENN C M, HAYES S. Weak signal detection by small-perturbation control of chaotic orbits[J]. IEEE MTT-S digest, 1996, 3(3): 1883-1886.
[16] HSIAO Y C, TUNG P C. Controlling chaos for nonautonomous systems by detecting unstable periodic orbits[J]. Chaos Solitons & Fractals, 2002, 13(5):1043-1051.
[17] LORENZ E N. Deterministic nonperiodic flow[J]. Journal of atmospheric sciences, 1963, 20(2): 130-141.
[18] JACKSON E A, ROLLINS R W. Perspectives of nonlinear dynamics, vol. 1[M]. New York: Cambridge University Press, 1989.
[19] GUTZWILLER M C. Chaos in classical and quantum mechanics[M]. New York: Springer-Verlag, 1990: 160-230.
[20] 刘秉正, 彭建华. 非线性动力学[M]. 北京: 高等教育出版社, 2004: 109-130.
[21] YANG J Z, QU Z L, HU G. Duffing equation with two periodic forcings: The phase effect[J]. Physical Review E, 1996, 53(5): 23-36.
[22] 高建邦. 用杜芬振子检测随钻声信号方法的研究[D]. 西安: 西安石油大学硕士学位论文, 2015.

第7章 随钻阵列声波换能器

7.1 引　　言

结合随钻测井的应用背景，为了获得有效的井下信息传递方式，声波发射和接收装置借助声波短节换能器发射和接收相应的声波信号，并通过钻铤进行传输。其中电/声换能器作为一个不可或缺的关键部件，其性能的优劣以及其特殊应用环境下的可实现性成为制约声波测井技术向更高层次发展的难题。

在钻井环境中，随钻阵列声波换能器的设计结构受钻井环境影响，其安装使用需要既不能影响换能器本身的使用也不能影响钻铤的强度。基于实际生产情况的需要，设计制作了随钻声波测井换能器短节，对其进行匹配补偿，并对其供电系统进行设计。对安装完好的随钻声波换能器短节进行测试及分析。

为满足换能器适应钻井环境，需要一些特殊的装配要求，研制换能器采用如下技术实现：压电陶瓷作为有源材料，复合棒式纵向振动结构，通过谐振耦合的方式实现双谐振耦合，采用两组换能器电学并联的方式实现尽可能大的功率发声[1-4]。研究大功率阵列声波换能器，以及随钻声波短节的结构设计、性能仿真、样品试制以及相关的实验测试，对随钻声波传输系统的早日投入使用具有重要的价值。

7.2 随钻阵列声波换能器的装配结构

传统的声波测井用声学传感器在应用过程中涉及防水、压力失衡、隔声等问题，通常的做法是采用注油皮囊包覆声学传感器后再施加隔声套，其中注油皮囊实现防水及井下压力平衡的功能，隔声套用来实现隔声以及保证声学传感器的强度要求。但实际应用显示上述方式仍存在诸多不便。首先是整个系统的拆装极不便捷。器件间隙内充斥的井下泥浆干涸后，清理异常困难，这给拆装带来困难，并且操作过程中容易损坏皮囊。其次是采用隔声套的隔声方式，其隔声效果不理想。根据材料的声特性阻抗可知，对于钻铤材料来讲，空气是非常理想的隔声材料，其声特性阻抗与钻铤（属钢类材料）差别超过9万倍。这种差别带来的隔声效果是显著的。由此看来，隔声套相对而言不具备隔声优势，这种不理想的隔声效果将导致钻铤内声场散乱而影响传声。最后是井下泥浆压力易造成器件损坏，尤其是对注油皮囊而言，井下的工作环境是恶劣的，持续的高温、高压及水浸等状态将严重损害器件的寿命，更严重者将彻底破坏声学传感器，导致系统瘫痪。

综合以上因素，声波换能器本身采用钢制套筒密封方式，这种方式将有效地保护声学传感器，提高其应用效率，延长其使用寿命。

在钻井环境中，换能器的结构受钻井环境的影响，换能器安装在钻铤上，需要与钻铤有很好的安装配合才不会影响钻铤的强度。基于实际生产情况的需要，研究随钻声波换能器结构与钻铤上装配示意图如图 7-1 所示。

图 7-1　随钻声波换能器结构及钻铤装配示意图

7.3　随钻阵列声波换能器的等效网络模型

本节针对换能器的装配结构设计，应用等效网络法和有限元法相结合的方式，对随钻声波换能器的实现进行分析设计，并进行仿真。

纵向振动压电换能器属于一种强功率辐射器。它的主要组成部分包括压电晶堆、前辐射头、中间质量块、尾质量块以及预应力施加系统等，其中压电晶堆一般采用机械串联、电学并联的方式；前辐射头一般采用轻金属，用于辐射或接收声能量。这种结构的压电类换能器的振动方式主要沿纵向方向，但在实际情况中，要精确地描述这种换能器的振动还是比较复杂的，为了简化分析，根据换能器的特点进行如下假设[5,6]。

（1）在所研究的频率范围内，换能器的有效振动长度可与波长相比拟（如 $\lambda/2$ 波长），而其直径比 λ 小很多，这时可把换能器看作仅有纵波振动的复合细棒，即 $T_3 \neq 0$，其他的应力分量皆为零 $T_1 = T_2 = T_4 = T_5 = T_6 = 0$；

（2）换能器处于机械自由、电学短路的边界条件下，即换能器两端自由振动，并且受电压激励，对于压电陶瓷薄片来说，电场强度 E 为恒定值，$\partial E_3/\partial z = 0$，$E_1 = E_2 = 0$，$E_3 = U/l_C$，其中 U 为激励电压，l_C 为陶瓷薄片厚度；

（3）压电晶堆是由许多带圆孔的薄圆片叠合而成的，倘若每个圆孔很小，则这种带孔薄圆片可近似看作实心薄圆片。

在上述合理简化假设之后，下面分别研究分析换能器各部分的 Mason 等效网络。

7.3.1 压电晶堆的 Mason 等效网络

首先讨论单个陶瓷薄片的振动情况。根据换能器机械自由、电学短路的边界条件，应用第一类压电方程作为本构方程，并根据换能器特点假设（1）和假设（2），获得方程为

$$S_3 = s_{33}^E \cdot T_3 + d_{33} \cdot E_3 \tag{7-1a}$$

$$D_3 = d_{33} \cdot T_3 + \varepsilon_{33}^T \cdot E_3 \tag{7-1b}$$

根据牛顿运动定律，可得出陶瓷片长度振动模式的波动方程为

$$\frac{\partial^2 \xi_z}{\partial z^2} + k_C^2 \cdot \xi_z = 0 \tag{7-2}$$

式中，$\xi_z = \xi_z(\omega, z, t)$ 是一个关于角频率 ω、位移 z 和时间 t 的函数；k_C 是波数，$k_C = \frac{\omega}{C_C^E}$，$C_C^E$ 为恒 E 状态下陶瓷片内沿长度方向的声速，$C_C^E = \frac{1}{\sqrt{s_{33}^E \rho_C}}$，$\rho_C$ 为陶瓷片密度。陶瓷片两端的位移和力学边界条件可写成

$$\xi_z|_{z=0} = \xi_{C1}, \quad \xi_z|_{z=l} = \xi_{C2} \tag{7-3a}$$

$$F_{C1} = -A_C \cdot T_3|_{z=0}, \quad F_{C2} = -A_C \cdot T_3|_{z=l} \tag{7-3b}$$

式中，F_{C1} 和 F_{C2} 为负载对陶瓷片两端的作用力；A_C 为陶瓷片截面积。

根据边界条件解微分方程，并考虑压电方程式（7-1a），则式（7-3b）最终可表示为

$$F_{C1} = \frac{Z_C^E}{\mathrm{j} \cdot \tan(k_C l_C)} \cdot \dot{\xi}_{C1} - \frac{Z_C^E}{\mathrm{j} \cdot \sin(k_C l_C)} \cdot \dot{\xi}_{C2} + \varphi \cdot U \tag{7-4a}$$

$$F_{C2} = \frac{Z_C^E}{\mathrm{j} \cdot \sin(k_C l_C)} \cdot \dot{\xi}_{C1} - \frac{Z_C^E}{\mathrm{j} \cdot \tan(k_C l_C)} \cdot \dot{\xi}_{C2} + \varphi \cdot U \tag{7-4b}$$

式中，压电陶瓷片的机械特性阻抗 $Z_C^E = \rho_C \cdot C_C^E \cdot A_C$，$C_C^E$ 是恒 E 状态下陶瓷片内沿长度方向的声速；φ 为机电转换系数。

另外，根据高斯定理，电荷 $Q = \oiint_\sigma D \mathrm{d}\sigma$，电流 $I = \frac{\mathrm{d}Q}{\mathrm{d}t}$，对式（7-1a）进行处理，可得

$$I = -\varphi \cdot (\dot{\xi}_{C1} - \dot{\xi}_{C2}) + \mathrm{j}\omega \cdot C_0 \cdot U \tag{7-4c}$$

根据式（7-4）可得单个压电陶瓷片的 Mason 等效网络如图 7-2 所示，其中静态电容 $C_0 = \frac{\varepsilon_{33}^S \cdot A_C}{l_C}$，$P_o$ 为极化方向。

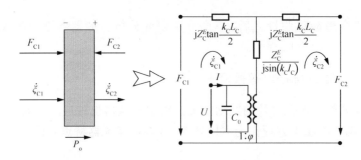

图 7-2　单个压电陶瓷片的 Mason 等效网络

对于整个压电晶堆，可通过传输矩阵法证明这种轴向极化的薄圆片叠合而成的压电圆柱，在圆片厚度远小于波长的情况下，可等价成沿轴向极化的压电细长棒。假设压电晶堆共有 n 片压电陶瓷片，则压电晶堆的总长度 $L_C=nl_C$，从而可以得出整个压电晶堆的机械振动方程式，写成矩阵形式为

$$\begin{bmatrix} F_{C1} \\ F_{C(n+1)} \\ I \end{bmatrix} = \begin{bmatrix} \dfrac{Z_C^E}{\mathrm{j}\tan(k_C L_C)} & -\dfrac{Z_C^E}{\mathrm{j}\sin(k_C L_C)} & \varphi \\ \dfrac{Z_C^E}{\mathrm{j}\sin(k_C L_C)} & -\dfrac{Z_C^E}{\mathrm{j}\tan(k_C L_C)} & \varphi \\ -\varphi & \varphi & \mathrm{j}\omega n C_0 \end{bmatrix} \cdot \begin{bmatrix} \dot{\xi}_{C1} \\ \dot{\xi}_{C(n+1)} \\ U \end{bmatrix} \quad (7-5)$$

图 7-3 所示为整个压电陶瓷晶堆在换能器处于机械自由、电学短路状态下的等效网络图。

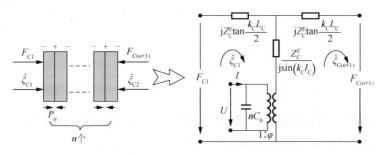

图 7-3　整个压电晶堆的 Mason 等效网络

7.3.2　前辐射头的 Mason 等效网络

前辐射头是调节换能器 Q_m 值的重要部件。假设前辐射头是等截面积的，其截面积为 A_R，长度为 L_R，声速为 c_R，密度为 ρ_R，ξ_{R1} 和 ξ_{R2} 是前辐射头喉部和辐射端面的振动位移，k_R 为波数，此时可得前辐射头的机械振动方程式，写成矩阵形式为

$$\begin{bmatrix} F_{R1} \\ F_{R2} \end{bmatrix} = \begin{bmatrix} \dfrac{Z_R}{j\tan(k_R L_R)} & -\dfrac{Z_R}{j\sin(k_R L_R)} \\ \dfrac{Z_R}{j\sin(k_R L_R)} & -\dfrac{Z_R}{j\tan(k_R L_R)} \end{bmatrix} \cdot \begin{bmatrix} \dot{\xi}_{R1} \\ \dot{\xi}_{R2} \end{bmatrix} \quad (7\text{-}6)$$

根据式（7-6）可得出等效网络图如图 7-4 所示。

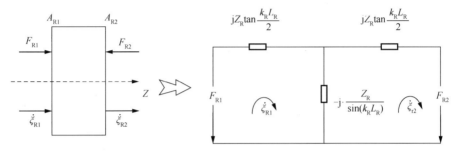

图 7-4　前辐射头的 Mason 等效网络图

7.3.3　后质量块的 Mason 等效网络

后质量块一般为圆柱形重金属材料。圆柱后质量块的机械振动方程式为

$$\begin{bmatrix} F_{M1} \\ F_{M2} \end{bmatrix} = \begin{bmatrix} \dfrac{Z_M}{j\tan(k_M L_M)} & -\dfrac{Z_M}{j\sin(k_M L_M)} \\ \dfrac{Z_M}{j\sin(k_M L_M)} & -\dfrac{Z_M}{j\tan(k_M L_M)} \end{bmatrix} \cdot \begin{bmatrix} \dot{\xi}_{M1} \\ \dot{\xi}_{M2} \end{bmatrix} \quad (7\text{-}7)$$

根据式（7-7）可得出后质量块的等效网络图如图 7-5 所示。

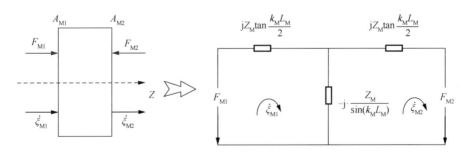

图 7-5　后质量块的 Mason 等效网络图

7.3.4　换能器整体等效网络模型

根据力和振速的连续性，将纵振复合棒的前辐射头、压电晶堆和后质量块三部分的等效网络分别在端口部分的边界上串联相接，如此就可获得整个换能器的等效网络，如图 7-6 所示，其中 Z_{z1} 和 Z_{z2} 为换能器前后两端的负载阻抗。

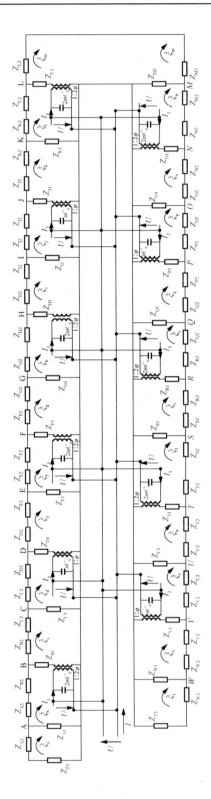

图 7-6 随钻阵列声波换能器的 Mason 等效网络模型

7.4 随钻阵列声波换能器的有限元模型及其仿真

7.4.1 随钻阵列声波换能器的有限元模型

应用有限元分析压电类耦合问题,其核心是获得其有限元控制方程。将整个换能器系统离散成有限个单元,然后从能量的角度出发,针对系统拉格朗日函数应用哈密顿变分原理,就可得出压电耦合问题的有限元控制方程。这个过程中应用的是第二类压电方程[7-9]。

假设换能器单元中的各种能量可表示为:体系的动能 $W_T = \frac{1}{2}\iiint_V \rho \dot{\xi}^T \dot{\xi} dV$,弹性应变能 $W_m = \frac{1}{2}\iiint_V T^T S dV$,电场电能 $W_E = \frac{1}{2}\iiint_V D^T E dV$,外界机械力所做的功 $W_F = \iiint_V f^T \xi dV + \iint_\sigma F^T \xi d\sigma$,外界电场力所做的功 $W_Q = \iiint_V \varphi \cdot q dV + \iint_\sigma \dot{\varphi} \cdot Q d\sigma$。其中,$f$ 表示压电弹性体所受体力的体密度,F 表示所受表面力的面密度,φ 为电势,q 表示自由体电荷密度,Q 表示自由面电荷密度。那么此时系统的拉格朗日函数可表示为 $L = W_T - (W_m - W_F) + (W_E - W_Q)$,对其应用哈密顿变分,并使之等于零,即

$$\delta A = \delta \int_{t_1}^{t_2} L dt = \delta \int_{t_1}^{t_2} [W_T - (W_m - W_F) + (W_E - W_Q)] dt = 0 \tag{7-8}$$

对式(7-8)进行整理,可得压电耦合有限元控制方程,写成矩阵形式为

$$\begin{bmatrix} M & 0 \\ 0 & 0 \end{bmatrix} \begin{bmatrix} \ddot{\xi} \\ \ddot{U} \end{bmatrix} + \begin{bmatrix} C & 0 \\ 0 & 0 \end{bmatrix} \begin{bmatrix} \dot{\xi} \\ \dot{U} \end{bmatrix} + \begin{bmatrix} K & -K^z \\ K^z & K^d \end{bmatrix} \begin{bmatrix} \xi \\ U \end{bmatrix} = \begin{bmatrix} F \\ q \end{bmatrix} \tag{7-9}$$

式中,M 为质量矩阵;C 为结构阻尼矩阵;K 为结构刚度矩阵;K^d 为介质电导矩阵;K^z 为压电耦合矩阵;F 为结构载荷向量;q 为电载荷向量。

由于有限元模型可以最大限度地反映所研究系统的结构、状态以及效应等,模型越接近于实际,相应的分析也就越准确。然而有时考虑到时间消耗或者技术上的可行性等因素,根据实际问题进行一些简化假设,但简化假设并不是必要的。结合纵振换能器的特点,为了提高效率,将对其 ANSYS 模型进行如下设置和约定。

(1)不考虑环氧胶层和电极片的影响。一般来讲,电极片加胶层的厚度小于 0.2mm,该厚度足够小,因此将其忽略,不参与建模。

（2）在建模和分析过程中，需合理设置各个部件的损耗系数，损耗系数的确定依据于相关的理论，并且依靠一定的经验。

7.4.2 随钻阵列声波换能器的有限元仿真

1. 低频部分的有限元仿真

通过在 ANSYS 中进行模态分析，获得换能器的谐振频率和振型。图 7-7 所示为换能器的低频振动模态结果。图中显示的 f_1=954Hz（实用中取整）是期望的谐振频率，该频率上换能器是基于 33 振动模式的，即沿圆管的轴向方向振动。图 7-8 是换能器在 f_1=954Hz 谐振频率上的矢量云图，可以看出换能器两端的运动总是相向的，两端的运动都要向外辐射声能量，也就是说在换能器沿圆管轴向向前辐射声能量的同时，其后端也在沿轴向反方向即向后辐射声能量，然而后者对于随钻测井是不利的。为了有效地控制能量的前向辐射，采取的方式是：加大前、后两端的质量差距，使得后端的质量块远重于前端，这样一来根据动量守恒原理，前端即可获得较大的振动速度，从而实现能量的前向辐射。

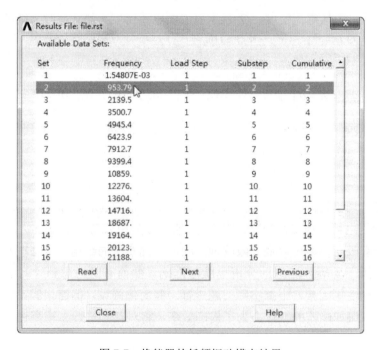

图 7-7　换能器的低频振动模态结果

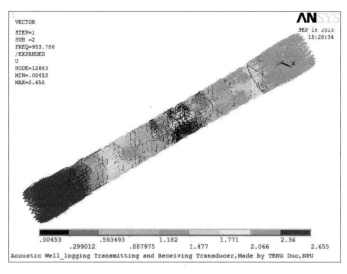

图 7-8　换能器在 f_1＝945Hz 谐振频率上的矢量云图

2. 高频部分的有限元仿真

通过在 ANSYS 中进行模态分析，获得换能器的谐振频率和振型。图 7-9 所示为换能器的高频振动模态结果。图中显示的 f_2=1092.0Hz 是期望的谐振频率，该频率上换能器是基于 33 振动模式的，即沿圆管的轴向方向振动。图 7-10 是换能器在 f_2=1092.0Hz 谐振频率上的矢量云图，可以看出换能器两端的运动总是相向的，两端的运动都要向外辐射声能量，也就是说在换能器沿圆管轴向向前辐射声能量的同时，其后端也在沿轴向反方向即向后辐射声能量，然而后者对于随钻测井是不利的。

Set	Frequency	Load Step	Substep	Cumulati
1	0.0000	1	1	1
2	1092.0	1	2	2
3	2655.0	1	3	3
4	4507.0	1	4	4
5	6454.7	1	5	5
6	8414.2	1	6	6
7	10338.	1	7	7
8	12195.	1	8	8
9	13912.	1	9	9
10	15322.	1	10	10
11	20420.	1	11	11
12	20979.	1	12	12
13	22073.	1	13	13
14	23256.	1	14	14
15	24349.	1	15	15
16	25262.	1	16	16

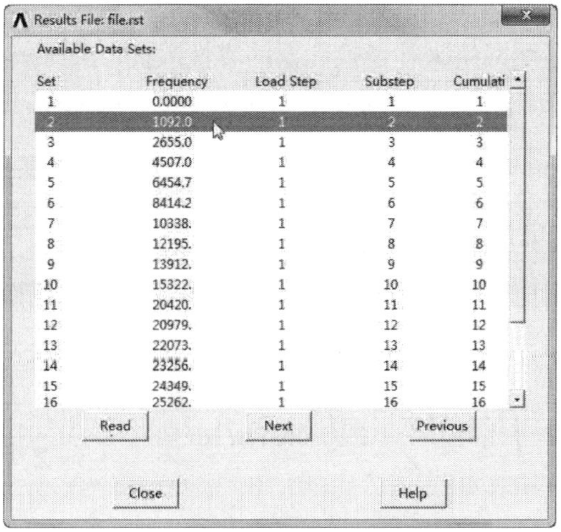

图 7-9　换能器的高频振动模态结果

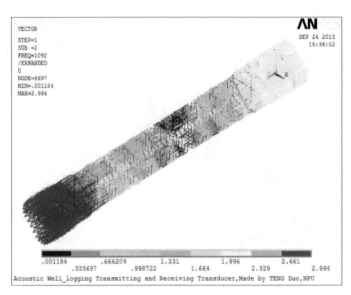

图 7-10 换能器在 $f_2=1092.0\text{Hz}$ 谐振频率上的矢量云图

为了有效地控制能量的前向辐射，采取加大前、后两端的质量差距，使得后端的质量块远重于前端，根据动量守恒原理，前端即可获得较大的振动速度，从而实现能量的前向辐射。

7.5 随钻阵列声波换能器大功率发射时的电匹配网络

要实现大功率发射，除了需要性能良好的换能器阵元，在很大程度上还取决于换能器与功放间的良好匹配。一般来讲，换能器的电匹配含义包含两方面内容：一方面是阻抗变换，就是把换能器阵元的阻抗变换成功放所需要的阻抗值；另一方面是调谐作用，利用匹配网络来补偿换能器的容性阻抗，从而减小工作带宽内的阻抗复角，降低功放管的耗散功率，以有效提高供电电源的效率，保证宽带特性[10,11]。

7.5.1 负载阻抗复角与功放管耗散功率及电源供电效率的关系

设功放的供电电压为 $\pm V_\text{s}$，负载（阵元）为 $Z\angle\varphi$，运放输出电压幅值为 $V_\text{m}=V_\text{S}-V_\text{CE}$，则输出电流幅值 $I_\text{m}=\dfrac{V_\text{m}}{Z}=\dfrac{V_\text{S}-V_\text{CE}}{Z}$，此时电源输出功率 P_E 及负载功率 P_L 分别为

$$P_\text{E}=\int_0^\pi \frac{V_\text{S}\cdot(V_\text{S}-V_\text{CE})}{Z}\cdot\cos(\omega t)\text{d}t=\frac{2\cdot V_\text{S}\cdot(V_\text{S}-V_\text{CE})}{\pi\cdot Z} \qquad (7\text{-}10)$$

$$P_\text{L}=\frac{(V_\text{S}-V_\text{CE})^2}{2\cdot Z}\cdot\cos\varphi \qquad (7\text{-}11)$$

供电效率 η_E 和运放耗散功率 P_D 分别为

$$\eta_E = \frac{P_L}{P_E} = 0.67 \cdot \cos\varphi \tag{7-12}$$

$$P_D = (1 - 0.67 \cdot \cos\varphi) \cdot P_E = \left(\frac{1}{0.67 \cdot \cos\varphi} - 1\right) \cdot P_L \tag{7-13}$$

当 $\cos\varphi = 1$，即纯电阻负载时，电源供电效率 $\eta_E = 0.67$，$\eta_D = \frac{P_D}{P_E} = 0.33$。当 $|\varphi| = 40°$ 时，电源输出功率几乎有一半被功率运放管所耗散。当负载要求的功率很大时，其中 $|\varphi|$ 值应尽可能小。当 $|\varphi| \leqslant 20°$ 时，有 $0.63 \leqslant \eta_E \leqslant 0.67$。由于 V_{CE} 随输出电流的增大而增大，则 P_D 也增大。因此，在满足 P_L 情况下，提高 $\pm V_S$ 对减小 P_D 和提高 η_E 有利。

7.5.2 窄带阵电匹配网络的并联调谐匹配

热换能器并联谐调匹配等效电路如图 7-11 所示。其中，换能器电导 $G = \frac{1}{R_L}$，导纳 $B = j\omega C$，$B_L = -j\frac{1}{\omega L}$，$V_0$ 为功放管输出电压。在阵元工作中心频率 f_0 处，使 $|B_L| = |B|$，则此时负载仅为 G，有

$$P_L = V_0^2 \cdot G \tag{7-14}$$

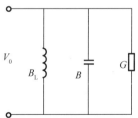

图 7-11 换能器并联调谐匹配等效电路

可见只改变功率因素 $\cos\varphi$，负载功率 P_L 不变。并联调谐匹配网络中，阻抗变化特性是：当 $f < f_0$ 时，回路电抗呈容性；当 $f > f_0$ 时，回路电抗呈感性。

7.5.3 窄带阵电匹配网络的串联调谐匹配

换能器串联调谐匹配等效电路如图 7-12 所示。把等效电路（a）进行（b）、（c）、（d）电路形式变换，变换过程中的各参数如图 7-12 所示。假设 φ_0 为阵元的固有相角，φ_X 为 Z_L 串入后回路的总相角，则有

$$\varphi_0 = \arctan\frac{B}{G} \tag{7-15}$$

$$\varphi_X = \arctan\frac{Z_X}{R'_L} = \arctan[Z_L \cdot G \cdot (1+\tan^2\varphi_0) - \tan\varphi_0] \tag{7-16}$$

$$P_L = V_0^2 \cdot G_X = V_0^2 \cdot G \cdot \frac{1+\tan^2\varphi_0}{1+\tan^2\varphi_X} \tag{7-17}$$

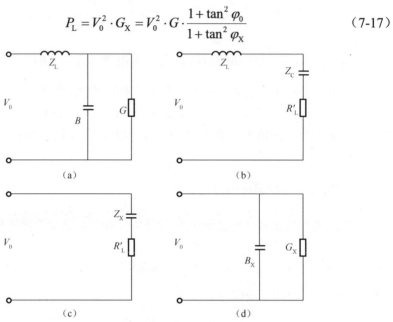

图 7-12　换能器串联调谐匹配等效电路

由于 Z_L 的串入, 在 $\varphi_X < \varphi_0$ 时, 负载功率 P_L 增加了 $\dfrac{1+\tan^2\varphi_0}{1+\tan^2\varphi_X}$ 倍, 它与相角 φ_0、φ_X 有关。当 $\varphi_X = 0$ 时, P_L 增加了 $(1+\tan^2\varphi_0)$ 倍, 可见固有相角 φ_0 越大, P_L 越大, 此时回路电流也越大。串联调谐的特点不仅可以提高功率因素, 同时又可等效为一个升压变压器, 在激励电压不变的条件下, 负载功率得到提升。其电抗随工作频率变化的特性与并联调谐匹配回路相反。

在窄带阵电匹配网络中, 还有电匹配变压器, 通常采用变比 $n = \sqrt{R_L/R_i}$, 其中 R_L 为经调谐后的纯阻值, R_i 为功放内阻, 以保证功放处于最佳功率输出状态。

7.6　随钻阵列声波换能器测试

7.6.1　随钻阵列声波换能器的阻抗特性测试

采用精密阻抗分析仪 **Agilent4294A** 测量换能器的导纳曲线, 分别测量了两类，四个换能器的阻抗特性，其中低频换能器编号为 L1 和 L2，高频换能器编号为 H1 和 H2。在换能器未安装在钻铤之前进行下述测试。测试现场如图 7-13 所示。

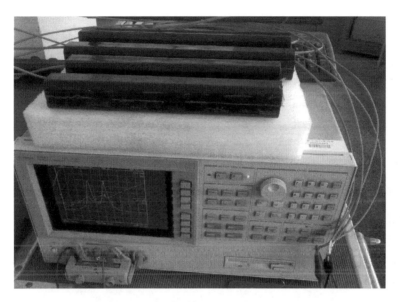

图 7-13　随钻阵列声波换能器阻抗测试现场

分别对低频和高频声波阵列换能器的阻抗特性进行测试，然后将高频和低频声波阵列换能器进行并联，测试其阻抗特性，包括 L1+L2+H1+H2 并联换能器 *G-B* 曲线和 *R-X* 曲线与 R_s-L_s 曲线和 R_s-C_s 曲线，如图 7-14 和图 7-15 所示。

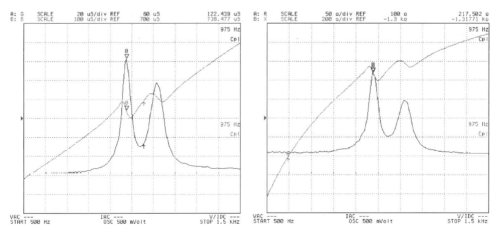

图 7-14　L1+L2+H1+H2 换能器 *G-B* 曲线和 *R-X* 曲线（500～1500Hz）

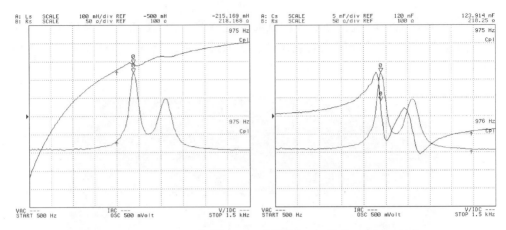

图 7-15　L1+L2+H1+H2 换能器 R_s-L_s 曲线和 R_s-C_s 曲线（500～1500Hz）

7.6.2　随钻阵列声波换能器的环境温度测试

随钻阵列声波换能器的环境温度测试在高低温交变实验箱中进行，换能器置放于实验箱内，130℃恒温，保持 5h 自然冷却后取出，测试现场如图 7-16 所示。

图 7-16　随钻阵列声波换能器高温测试现场

经测试，换能器状态良好，换能器通过 130℃高温实验。完成高温实验后，进行下面的功率测试。

7.6.3　随钻阵列声波换能器的功率测试

功率测试是在换能器无负载的情况下进行的。测试设备有随钻阵列声波换能器、信号发生器、功率放大器、示波器、滤波放大器以及电匹配网络等。具体的实验原理如图 7-17 所示。测试现场如图 7-18 所示。

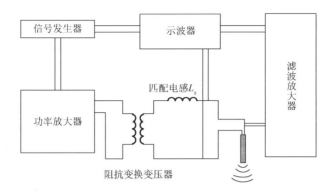

图 7-17 随钻阵列声波换能器的功率测试原理图

图 7-18 随钻阵列声波换能器大功率测试现场

编号为 L1 的换能器的功率测试如表 7-1 所示,其中符号的意义分别为:Ampl 表示输送信号幅值,单位为 mV;U(V_{pp})表示换能器两端的激励电压的峰峰值,单位为 V;I(V_{pp})表示经放大 α 的换能器电流的峰峰值,单位为 mV,转换因子为 100mV/A;α 表示电流钳信号的放大分贝数;Δt 是用时间表示的换能器两端激励电压与电流的相位差,相位差角度 $\theta =360\times f\times\Delta t$;$P$ 是换能器消耗的电功率,单位为 W;信号发生器工作频率为 0.98kHz 时,测试记录数据如表 7-1 所示。编号为 L2 的换能器的功率测试如表 7-2 所示,信号发生器工作频率为 0.97kHz。编号为 H1 的换能器的功率测试如表 7-3 所示,信号发生器的工作频率为 1.14kHz。编号为 H2 的换能器的功率测试如表 7-4 所示,信号发生器的工作频率为 1.11kHz。

表 7-1　L1 换能器的测试记录数据

Ampl/mV	$U(V_{pp})$ /V	$I(V_{pp})$ /mV	α /dB	Δt /ms	P /W
100	59.25	3.75	70	0.176	0.08
500	297.5	1.925	50	0.177	2.09
1000	593.8	3.788	50	0.177	8.23
1500	897.3	5.638	50	0.181	17.6
2000	1187.5	7.675	50	0.183	30.9

表 7-2　L2 换能器的测试记录数据

Ampl/mV	$U(V_{pp})$ /V	$I(V_{pp})$ /mV	α /dB	Δt /ms	P /W
100	59.38	4.89	70	0.184	0.1
500	297.5	2.438	50	0.18	2.62
1000	592.5	4.65	50	0.176	10.4
1500	900	6.825	50	0.168	25.3
2000	1183	8.8	50	0.17	41.9

表 7-3　H1 换能器的测试记录数据

Ampl/mV	$U(V_{pp})$ /V	$I(V_{pp})$ /mV	α /dB	Δt /ms	P /W
100	60.25	3.85	70	0.138	0.1
500	308.78	1.94	50	0.148	2.31
1000	592.5	3.71	50	0.15	8.28
1500	895	5.525	50	0.151	18.4
2000	1187.5	7.4	50	0.154	31.3

表 7-4　H2 换能器的测试记录数据

Ampl/mV	$U(V_{pp})$ /V	$I(V_{pp})$ /mV	α /dB	Δt /ms	P /W
100	60.75	3.75	70	0.16	0.08
500	297.5	1.82	50	0.162	1.83
1000	593.75	3.575	50	0.164	6.95
1500	902.5	5.438	50	0.166	15.6
2000	1187.5	7.225	50	0.164	28.1

从实际测试结果可以看出，编号为 L1 的低频换能器谐振频率为 0.985kHz；编号为 L2 的低频换能器谐振频率为 0.97kHz；编号为 H1 的高频换能器谐振频率为 1.136kHz；编号为 H2 的高频换能器谐振频率为 1.112kHz；当 4 个换能器并联应用时可实现双谐振特性。另外，在换能器两端施加近 $1200V_{pp}$ 的激励电压时，单

个换能器的电功率至少为 28W,若 4 个换能器并联使用,可轻易实现 50W 的电功率,且 50W 内呈线性变化。后续的实验中,经整机匹配,电功率显著提高。

7.7 随钻阵列声波换能器的匹配与功率测试

随钻阵列声波换能器安装在钻铤上构成整体的声波换能器传输短节,进行测试与分析。测试现场如图 7-19 所示。

图 7-19 声波换能器安装在钻铤短节上测试现场

7.7.1 随钻阵列声波换能器匹配原理

换能器是基于压电材料构成的,结合钻铤对换能器的声负载特性,安装在钻铤上的换能器表现为容性,并且是大容性。当四个换能器并联使用时,频率在 1kHz 左右,其容性约为 115nF,其阻抗复角约为 89.5°,甚至更高。对于这种电气特性,为了保证功率放大器的高效使用,需要在功放和换能器之间进行电学匹配。电匹配网络的基本功能有两个:一是在使用频率上与换能器的容性形成谐振;二是将换能器的阻抗变换为功率放大器的最佳负载阻抗,或是将换能器的激励电压变换为功率放大器的输出电压。结合实际应用中换能器的大容性以及钻铤安装环境的小体积考虑,以尽量减少磁芯元器件的数量为原则。因此,匹配网络设计为四个换能器并联使用,并且高低两个应用频段分别匹配。其原理示意图如图 7-20 所示。

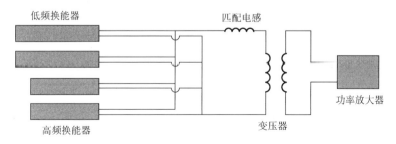

图 7-20 声波换能器的匹配及功率测试拓扑图

四个电学并联的换能器与匹配电感串联连接后经变压器与功率放大器连接。两个高频换能器的工作频率约为 1.1kHz，2 个低频换能器的工作频率约为 0.97kHz，四个换能器并联后，1.1kHz 频段范围和 0.97kHz 频段范围的容性差别比较大，导致匹配电感的差别比较大，因此实际中将针对两个应用频段分别匹配电感，使用继电器在电路中实现自动切换功能。

安装在钻井短节上的换能器功率测试应用的设备有声波换能器发射短节、信号发生器、功率放大器、示波器及电匹配网络等。完整的实验测试拓扑图如图 7-21 所示。

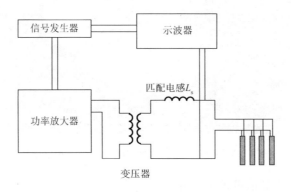

图 7-21　声波换能器的匹配及功率测试拓扑图

7.7.2　匹配器件及材质的选择

由于换能器呈现大容性，匹配器件主要是电感与变压器的选择与制作。由于井下空间的限制及工作环境的恶劣性，只能自行制作这两个器件，因此选材料及进行部分工艺处理时需要特别注意。

考虑各电气参数以及实际应用中的小体积等限制因素，磁芯选取非晶磁芯，其规格及性能参数如图 7-22 所示。

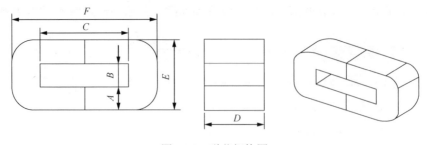

图 7-22　磁芯规格图

为安装在钻铤中，将上述磁芯沿 D 的中垂面一分为二使用。漆包线有粗细两种，绝缘等级为 H+级无氧铜材质的两种漆包线。这两种漆包线均可在 220℃环境下连续工作，是耐高温、抗老化、性能卓越的改性聚酯亚胺酰胺漆包圆铜线。骨架为非标定制，配合磁芯形状，材质为层压板。绝缘胶布胶带基材为聚酯薄膜。

因匹配变压器变比为 1∶7，初级线圈的匝数是 8 匝以上；初级线为粗线。次级匝数为初级的 7 倍；次级线为细线。

低频段匹配电感电感量约为 227.58mH；磁芯气隙为 0.7mm；线圈为 525 匝的粗线，绕制尺寸需要符合安装条件。高频端匹配电感电感量约为 168.98mH；磁芯气隙为 1.1mm；线圈为 525 匝的粗线，绕制尺寸同样需要符合安装条件。

低频段匹配电感值如表 7-5 所示。高频段匹配电感值如表 7-6 所示。

表 7-5 低频段匹配电感值

f/kHz	0.5	0.6	0.7	0.8	0.9	1.0	1.1	1.2	1.3	1.4	1.5
L_s/mH	228.5	228.3	228.0	227.8	227.7	227.5	227.4	227.3	227.2	227.1	227.1

表 7-6 高频段匹配电感值

f/kHz	0.5	0.6	0.7	0.8	0.9	1.0	1.1	1.2	1.3	1.4	1.5
L_s/mH	169.5	169.4	169.3	169.2	169.15	169.03	168.98	168.95	168.92	168.84	168.79

7.7.3 并联换能器功率测试

1. 高频匹配的功率测试

在匹配条件下，进行功率测试，室内实验室测试室温为 18℃；激励信号形式为：Agilent 33522A，100 cyc/4s 脉冲串；测试仪表接线方式如图 7-23 所示。

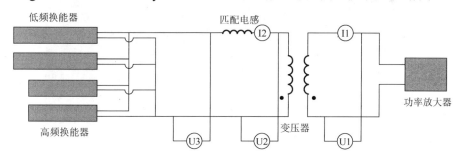

图 7-23 测试仪表接线图

测试数据表格各符号的定义如下：eoc（mV_{pp}）表示 Agilent 33522A 信号发生器产生的电压峰峰值，单位为 mV；U1（V_{pp}）表示变压器初级电压，即功放的输出电压的峰峰值，单位为 V；I1（V_{pp}）表示变压器初级电流，即功放的输出电流的峰峰值，单位为 V，电流钳档位转换因子为 100mV/A；U2（V_{pp}）表示变压器次级电压的峰峰值,单位为 V;$I2(V_{pp})$ 表示变压器次级电流的峰峰值,因数值较小,采用绕线 5 匝测试,单位为 V,电流钳档位转换因子 100mV/A;Δt 表示变压器次级电压与电流的相位差,单位为 ms,相位差角度 φ 与 Δt 的换算关系为 $\varphi=360 \times f(\text{kHz}) \times \Delta t(\text{ms})$;$U3(V_{pp})$ 表示换能器两端的激励电压的峰峰值,单位为 V。典型测试数据记录如表 7-7~表 7-13 所示。

信号频率取 1.1kHz 时,也就是高频段的中心频率,高频匹配电感组合变压器,记录测试数据如表 7-7 所示,最大测试功率超过 200W。示波器显示波形如图 7-24 所示。

表 7-7 高频段中心频率匹配功率测试数据

eoc (mV_{pp}) /mV	$U1(V_{pp})$ /V	$I1(V_{pp})$ /V	$U2(V_{pp})$ /V	$I2(V_{pp})$ /V	Δt/ms	$U3(V_{pp})$ /V	P/W
300	25.5	1.88	152.5	0.978	0	2200	74.6
400	32	2.3	205	1.288	0	2763	132
500	41.5	2.65	266.9	1.59	0	3219	212.2

其中,$U1$ 为变压器初级电压,是幅值最小线条最粗的正弦波;$U2$ 为变压器次级电压,与初级电压同相,且幅值最大,波形略有尖项;$I2$ 为变压器次级电流;与 $U2$ 同相,达到匹配,幅值位于 $U1$ 和 $U2$ 之间,为完美正弦波形;$U3$ 换能器两端的激励电压是所有图形中幅值最大的。相位上,$U3$ 滞后 $U2$ 约 $\pi/2$;

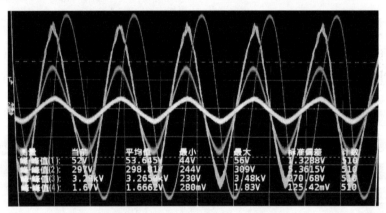

图 7-24 信号频率 f=1.1kHz 各测试仪表波形图

脉冲信号尾部波形存在拖尾现象,约经过 7 个完整波形后稳定;脉冲信号头部约经过 7 个完整波形后稳定。后面的信号尾部与头部的稳定情况几乎都是这样。

高频段频率低端测试,选择信号频率为 1.05kHz,高频匹配电感组合变压器,测试记录数据如表 7-8 所示。输入信号幅值增加,最大测试功率仍超过 200W。测试波形图如图 7-25 所示。

表 7-8　高频段匹配频率低端功率测试数据

eoc (mV_{pp})/mV	U1 (V_{pp})/V	I1 (V_{pp})/V	U2 (V_{pp})/V	I2 (V_{pp})/V	Δt/ms	U3 (V_{pp})/V	P/W
300	28	0.888	195.6	0.915	0.14	2138	53.95
400	36.75	1.28	281.9	1.13	0.13	2619	104.2
500	44.63	1.72	310	1.30	0.13	2969	131.8
600	52.75	2.46	368.1	1.453	0.13	3225	175
650	57	2.73	395.6	1.57	0.13	3325	203.2

其中，U1 是幅值最小线条最粗的正弦波；U2 与 U1 同相，且幅值最大，甚至大于 U3，波形尖顶；I2 与 U2 存在相位差，未匹配情况，I2 幅值大于 U1 小于 U3，依然是完美正弦波形；U3 幅值小于 U2，是完美正弦波。相对于高频段中心频率，U3 滞后 U2 的相位较小些。

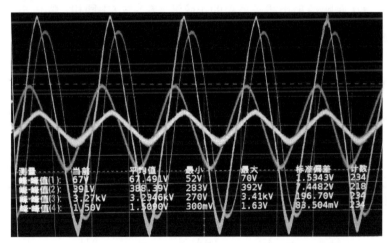

图 7-25　信号频率 f=1.05kHz 各测试仪表波形图

高频段频率高端测试选择信号频率为 1.14kHz，高频段匹配电感组合变压器，测试记录数据如表 7-9 所示，测试得到的最大功率为 197.5W。测试波形图如图 7-26 所示。

表 7-9　高频段匹配频率高端功率测试数据

eoc (mV_{pp})/mV	U1 (V_{pp})/V	I1 (V_{pp})/V	U2 (V_{pp})/V	I2 (V_{pp})/V	Δt/ms	U3 (V_{pp})/V	P/W
400	33	2.5	210	0.87	0.095	1988	71
500	39.25	3.16	262.5	1.085	0.095	2463	110.7
600	45.75	3.84	314.4	1.41	0.095	3050	172.3
620	47.9	3.93	320	1.588	0.095	3100	197.5

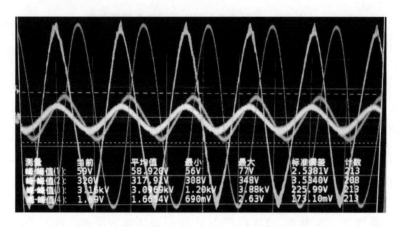

图 7-26　信号频率 $f=1.14$kHz 各测试仪表波形图

其中，$U1$ 是幅值最小线条最粗的正弦波。$U2$ 与 $U1$ 同相，幅值与 $U3$ 几乎相同，$U2$ 波形尖顶，$U3$ 正弦波形完美；$I2$ 与 $U2$ 存在相位差，未匹配情况，$I2$ 幅值略大于 $U1$。相对于高频段中心频率，相位上，$U3$ 滞后 $U2$ 大于 $\pi/2$。

2. 低频匹配的功率测试

低频段中心频率，近似谐振时的信号频率为 0.97kHz，低频段匹配电感组合变压器，测试记录数据如表 7-10 所示，最大峰值功率大于 200W。

表 7-10　低频段中心频率匹配功率测试数据

eoc (mV_{pp}) /mV	$U1$ (V_{pp}) /V	$I1$ (V_{pp}) /V	$U2$ (V_{pp}) /V	$I2$ (V_{pp}) /V	Δt /ms	$U3$ (V_{pp}) /V	P/W
500	44.25	—	304.4	1.694	0.125	3288	186.6
600	53.75	2.475	364.4	1.83	0.145	3344	211.5

经匹配后小信号状态下 $U2$ 与 $I2$ 的相位关系基本同相，如图 7-27 所示。

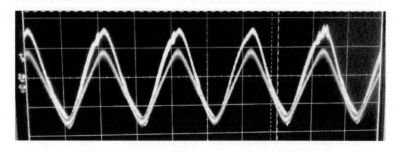

图 7-27　变压器输出端电压与电流信号波形图

低频段频率高端测试，选择信号频率为 1kHz，低频匹配电感组合变压器，测试记录数据如表 7-11 所示,最大功率大于 200W。除 $U3$ 波形为完美正弦波,其他波形均发生畸变。

表 7-11 低频段匹配频率高端功率测试数据

eoc（mV_{pp}）/mV	U1（V_{pp}）/V	I1（V_{pp}）/V	U2（V_{pp}）/V	I2（V_{pp}）/V	Δt/ms	U3（V_{pp}）/V	P/W
600	51.88	2.269	353.8	2.131	0.13	3406	258.1

低频段频率低端测试,选择信号频率为 0.95kHz,低频匹配电感组合变压器,测试数据如表 7-12 所示,最大功率超过 200W。

表 7-12 低频段匹配频率低端功率测试数据

eoc（mV_{pp}）/mV	U1（V_{pp}）/V	I1（V_{pp}）/V	U2（V_{pp}）/V	I2（V_{pp}）/V	Δt/ms	U3（V_{pp}）/V	P/W
560	62.5	2.7	363	1.66	0.135	3280	208.6

低频匹配电感组合变压器,当向更低频率（0.93kHz）测试时,换能器的峰值功率已远不足 200W,因此不再向更低频率测试。

通过实测测试可以得到如下结论:换能器通过对高频和低频分别匹配,可以得到两个谐振频率,高低谐振频率下,最大功率都超过了 200W。高频段匹配电感组合变压器,信号频率为 1.05～1.14kHz,最大电功率能超过 200W;低频段匹配电感组合变压器,信号频率为 0.95～1kHz,最大电功率能超过 200W。

7.8 随钻阵列声波换能器整机系统测试

7.8.1 随钻阵列声波换能器整机系统构成

随钻阵列声波换能器整机系统拓扑图如图 7-28 所示。

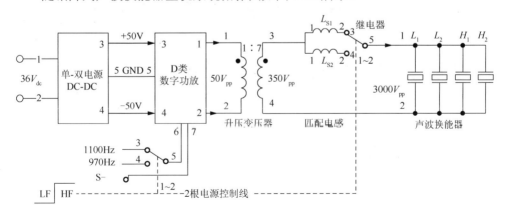

图 7-28 随钻阵列声波换能器整机系统拓扑图

源模块为单-双电源 DC-DC，模块输入电压是 36V 单电源，输出为±50V 的隔离双电源。数字功放模块实现功率放大功能，为系统提供大功率能源，其输出可保证系统提供 200W 的峰值功率。升压变压器的变比为 1∶7，输出最高电压为 350V。输入端最大电流为 30A。考虑变压器的初级电流及安装空间的因素，初级线圈的匝数不宜过少，否则会使初级等效阻抗太小，导致功率放大器难做。两者需要平衡考虑。在体积满足要求的情况下，初级线圈匝数达到 50 匝，功放比较容易满足需求。匹配电感用于匹配换能器的容性，以使得电源功率能得到有效的使用。双谐振电路两个频率的匹配电感的外形结构、管脚定义相同。根据计算及实验测试低频段匹配电感值约为 235mH，高频段匹配电感值约为 175mH。继电器实现双谐振频率的选择，由 12V 直流电源的通断决定选择哪部分电路接通。井下陶瓷换能器是大功率声源，通过四个换能器并联使用作为发射端，实现峰值功率 200W。

声波换能器整机系统匹配测试现场如图 7-29 所示。

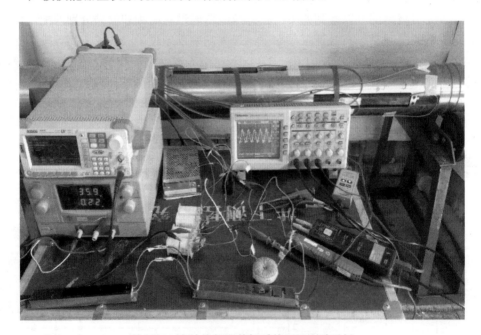

图 7-29　声波换能器整机系统匹配测试现场

7.8.2　高低频谐振点匹配测试与分析

声波换能器整机系统实验测试数据及分析计算如表 7-13 所示。

表 7-13 声波换能器整机系统实验测试数据及计算

电压源信号 V_{pp}/V	功放输出电压 $U1(V_{pp})$/V	功放输出电流 $I1(V_{pp})$/V	变压器次级电压 $U2(V_{pp})$/V	驱动电流 $5\times I2$/A	换能器端电压 $U3(V_{pp})$/V	电流超前量 Δt/ms	角度 $\varphi 2$	功放输出视在功率 S/W	变压器次级峰值功率 P/W
高频 f=1.1kHz 电感 L_2、变压器 T									
4.2	41.6	20.2	242	14.2	3120	0	0	840.32	171.82
4.3	44	20.6	252	14.6	3200	0	0	906.4	183.96
4.4	48.8	21.2	260	15	3240	0	0	1034.6	195
4.5	50.4	21.8	272	15.4	3280	0	0	1098.7	209.44
4.6	52	22.4	282	15.6	3360	0	0	1164.8	219.96
低频 f=0.966kHz 电感 L_1、变压器 T									
4	44	20	240	14.2	3080	0.02	6.96	880	169.15
4.1	44	20.4	258	15	3120	0.03	10.4	897.6	190.35
4.2	46.4	20.8	266	15.2	3160	0.04	13.9	965.1	196.25
4.25	47.2	21.6	270	15.8	3200	0.05	17.4	1019.5	203.6
4.3	48	21.8	276	15.8	3200	0.05	17.4	1046.4	208.08

从表 7-13 中可以看出，在电源转换与功放电路整体参数中，高频谐振点 1.1kHz 正弦信号峰峰值与功放电路的电压关系、功放输出功率与换能器的输出功率关系表明换能器的峰值功率达到了 200W 以上，此时换能器输入电压峰峰值达到 3000V 以上，没有超过安全警戒线 3500V。输入正弦波信号的峰峰值约在 4.5V 以上。由于升压变压器的变比约为 1:7，升压变压器初级电流约为次级电流的 7 倍。

在低频振点匹配参数情况下，电源转换与功放电路整体参数中，低频谐振点（0.966Hz）正弦信号峰峰值与功放电压输出、功放输出功率与换能器的输出功率数据表明换能器的峰值功率同样达到了 200W 以上，对比高频谐振点情况，两者的效率相当。但是在低频时，当输入电压过大时，变压器工作在饱和区，不能正常工作，因此输入电压不能继续加大。此时换能器输入电压峰峰值在 3000V 以上，未超过安全警戒线 3500V。输入正弦波信号的峰峰值约在 4.3V 以上。升压变压器初级电流约为次级电流的 7 倍。

通过功率测试可以得到如下结论：实现了双谐振大功率声波换能器，在高频 1.1kHz 和低频 0.966kHz 的情况下，换能器的峰值功率都达到了 200W 以上。低频谐振点略有变化，前面测试谐振为 970Hz，后面又变成了 966Hz。这是因为电感磁参数会随安装结构的松紧及温度出现一定范围内的变化，但总体变化范围还是可以接受的。高频谐振点在测试过程中都非常稳定，基本都在 1.1kHz。

本章研究了随钻阵列声波换能器的结构、等效网络模型，并以各等效网络模型为基础构建有限元模型，分别对低频和高频进行了有限元仿真，并针对换能器的大容性的特点，进行了电匹配设计，在理论设计的基础上，完成了整个随钻阵列声波换能器的制作。分别对低频和高频换能器进行了电匹配实现，并对换能器个体和并联情况进行了阻抗特性测试、环境温度测试和功率测试。在声波阵列换能器分析低频和高频匹配的情况下，整机测试表明，阵列换能器有两个谐振点，并且在各谐振点的发射功率都达到 200W，满足了随钻声波信息传输系统信源的要求。

参 考 文 献

[1] 滕舵, 陈航, 朱宁, 等. 溢流式嵌镶圆管发射换能器的有限元分析[J]. 鱼雷技术, 2008, 16(6): 44-47, 62.
[2] 滕舵, 陈航, 朱宁. 宽频带径向极化压电圆管水声换能器研究[J]. 压电与声光, 2008, 30(4): 411-413.
[3] 祝锡晶, 武文革, 彭彬彬. 大功率超声换能器的研制[J]. 电加工与模具, 2001, (1): 31-32.
[4] 胡淑芳, 上官明禹. 一种大功率超声换能器的设计[J]. 声学技术, 2013, 32(5): 436-438.
[5] 滕舵, 陈航, 朱宁, 等. Tonpilz 型压电陶瓷超声传感器的设计[J]. 传感器与微系统, 2008, 27(5): 84-86.
[6] 李君安. 压电换能器驱动电路的设计[J]. 辽东学院学报(自然科学版), 2015, 22(1): 39-42.
[7] 夏铁坚, 周利生, 鲁诣斌. 有限元和边界元在纵向式换能器设计中的应用[J]. 声学与电子工程, 2000, (1): 17-22, 39.
[8] 滕舵, 陈航, 朱宁. 弯张换能器的有限元及边界元分析[J]. 压电与声光, 2011, 33(1): 53-56.
[9] 滕舵, 陈航, 朱宁. Terfenol 棒抑制涡流的有效方式及其有限元设计[J]. 电声技术, 2010, 34(10): 35-38.
[10] 陈航, 滕舵, 钱惠林. 宽频带换能器电匹配网络设计方法[J]. 声学技术, 2007, 26(5): 954-957.
[11] 王露, 杨靖, 王登攀, 等. 大功率超声换能器匹配技术研究[J]. 压电与声光, 2015, 37(2): 254-257.